W0253758

Francesco Giacomo Tricomi
Repertorium der Theorie der Differentialgleichungen

Francesco Giacomo Tricomi

Repertorium der Theorie der Differentialgleichungen

Springer-Verlag Berlin Heidelberg New York 1968

Francesco Giacomo Tricomi
Accademico Linceo
Corso Tassoni 34
I-10/43 Turin/Italien

ISBN-13: 978-3-642-88093-3 e-ISBN-13: 978-3-642-88092-6
DOI: 10.1007/978-3-642-88092-6

Softcover reprint of the hardcover 1st edition 1968

Library of Congress Catalog Card Number 67-29474. Printed in Germany

Titel-Nr. 1456

Vorwort

Das vorliegende Buch hat den Zweck, manche Haupteigenschaften sowohl der gewöhnlichen als auch der partiellen Differentialgleichungen, die bei Anwendungen häufig auftreten, kurz in Erinnerung zu bringen.

Die Sache ist aber auf so knappem Raum nur dadurch möglich gewesen, daß ich mich prinzipiell auf Anfangswertprobleme beschränkt habe. Dementsprechend fallen hier die (allerdings so wichtigen) Eigenwertprobleme bei gewöhnlichen Differentialgleichungen und die partiellen Gleichungen vom elliptischen Typus vollständig aus. Außerdem wird hier der elementarste Teil der Theorie (trennbare Gleichungen usw.), den man überall finden kann, nicht behandelt.

Allerdings findet man in diesem Repertorium etwas über partielle Differentialgleichungen vom gemischten Typus, nicht nur weil diese Theorie zum großen Teil vom Verfasser entwickelt wurde, sondern weil Angaben darüber sonst schwer zu finden sind.

Die Schreibart ist zum großen Teil enzyklopädisch, daher werden meistens die Beweise unterdrückt oder nur skizziert. Trotzdem sollen die angegebenen Winke genügen, den Geist der verschiedenen Sätze richtig zu erfassen, so daß manchmal dieses Büchlein allein für viele Anwendungen genügend sein mag. Insbesondere wird der numerischen Behandlung der betrachteten Probleme immer die passende Aufmerksamkeit geschenkt.

FRANCESCO GIACOMO TRICOMI

Inhaltsverzeichnis

ERSTES KAPITEL

Gewöhnliche Differentialgleichungen

ZWEITES KAPITEL

Partielle Differentialgleichungen vom hyperbolischen Typus

DRITTES KAPITEL

Partielle Differentialgleichungen vom parabolischen Typus

VIERTES KAPITEL

Partielle Differentialgleichungen vom gemischten Typus

Erstes Kapitel

Gewöhnliche Differentialgleichungen

1.1 Gleichungen höherer Ordnung und Systeme

Physikalische, technische und viele andere Probleme führen häufig auf *gewöhnliche Differentialgleichungen*, d.h. auf Beziehungen zwischen einer unbekannten, von *einer* Veränderlichen x abhängigen Funktion y, deren Ableitungen $y', y'', \ldots$ bis zur Ordnung n und x selbst. Es handelt sich also um Gleichungen der Gestalt

$$F(x, y, y', \ldots, y^{(n)}) = 0. \tag{1.1.1}$$

Sind sie nach $y^{(n)}$ auflösbar, so erhält man spezieller

$$y^{(n)} = f(x, y, y', \ldots, y^{(n-1)}). \tag{1.1.2}$$

Solche Gleichungen haben immer unendlich viele *partikuläre Lösungen*, die durch Ausdrücke mit willkürlichen Konstanten dargestellt werden können. Insbesondere spricht man von einer *allgemeinen Lösung*, wenn es sich um eine solche der Form

$$y = \varphi(x, c_1, c_2, \ldots, c_n) \tag{1.1.3}$$

handelt, wobei y von n willkürlichen Konstanten $c_1, c_2, \ldots, c_n$ so abhängen soll, daß beliebig vorgegebene *Anfangsbedingungen* der Form

$$y(x_0) = y_0, \quad y'(x_0) = y_0', \quad \ldots, \quad y^{(n-1)}(x_0) = y_0^{(n-1)} \tag{1.1.4}$$

befriedigt werden können. Mit anderen Worten: das System

$$\left.\begin{aligned} \varphi(x_0, c_1, c_2, \ldots, c_n) &= y_0 \\ \varphi'(x_0, c_1, c_2, \ldots, c_n) &= y_0' \\ &\cdots\cdots \\ \varphi^{(n-1)}(x_0, c_1, c_2, \ldots, c_n) &= y_0^{(n-1)} \end{aligned}\right\} \tag{1.1.5}$$

soll nach den Konstanten $c_1, c_2, \ldots, c_n$ auflösbar sein.

Eine einzige Differentialgleichung höherer Ordnung von der Gestalt (1.1.2) kann unmittelbar in ein System von n Differentialgleichungen erster Ordnung mit n unbekannten Funktionen $y_1, y_2, \ldots, y_n$ umgewandelt werden. Es genügt nämlich,

$$y = y_1, \quad y' = y_2, \quad \ldots, \quad y^{(n-1)} = y_n \tag{1.1.6}$$

zu setzen, um das System erster Ordnung

$$y_1' = y_2, \quad y_2' = y_3, \quad \ldots, \quad y_{n-1}' = y_n, \quad y_n' = f(x, y_1, y_2, \ldots, y_n) \tag{1.1.7}$$

zu erhalten.

Umgekehrt läßt sich ein System von n Differentialgleichungen erster Ordnung

$$\left.\begin{array}{l} y_1' = f_1(x, y_1, y_2, \ldots, y_n) \\ y_2' = f_2(x, y_1, y_2, \ldots, y_n) \\ \cdots\cdots\cdots\cdots\cdots \\ y_n' = f_n(x, y_1, y_2, \ldots, y_n) \end{array}\right\} \tag{1.1.8}$$

in eine Differentialgleichung n-ter Ordnung auf folgende Weise umwandeln. Differenziert man jede der Gleichungen aus (1.1.8) $(n-1)$-mal nach x, so bekommt man insgesamt n^2 Gleichungen zwischen den $n(n+1)$ Veränderlichen $y_1, y_1', \ldots, y_1^{(n)}$; $y_2, y_2', \ldots, y_2^{(n)}$; $\ldots$; $y_n, y_n', \ldots, y_n^{(n)}$. Wenn aus diesen Gleichungen n^2-1 Veränderliche, z. B. $y_2, y_2', \ldots, y_2^{(n)}$; $\ldots$; $y_n, y_n', \ldots, y_n^{(n)}$ eliminiert werden können, so erhält man für y_1 allein eine Differentialgleichung n-ter Ordnung der Form (1.1.2).

Diese Äquivalenz zwischen einzelnen Differentialgleichungen höherer Ordnung und Differentialgleichungssystemen erster Ordnung[1] ist u. a. deshalb von großer Bedeutung, weil manchmal solche Systeme leichter zu behandeln sind. Die kleine Unbequemlichkeit der schwerfälligen Schreibweise kann dadurch vermieden werden, daß man ein System, z. B. (1.1.8), kurz

$$y_k' = f_k(x, y_1, y_2, \ldots, y_n), \qquad k = 1, 2, \ldots, n \tag{1.1.8'}$$

schreibt oder die vektorielle Schreibweise

$$\frac{d\boldsymbol{y}}{dx} = \boldsymbol{f}(x, \boldsymbol{y}) \tag{1.1.9}$$

[1] Handelt es sich dagegen um ein System, das auch Gleichungen höherer Ordnung enthält, so kann man Transformationen vom Typus (1.1.6) vornehmen, um zuerst ein System mit Gleichungen von ausschließlich erster Ordnung zu erhalten.

verwendet, wo $\boldsymbol{y}$ und $\boldsymbol{f}$ Vektoren mit den Komponenten $y_1, y_2, \ldots, y_n$ bzw. $f_1, f_2, \ldots, f_n$ bezeichnen.

Mit Rücksicht auf (1.1.6) werden die typischen *Anfangsbedingungen* für ein System wie (1.1.8) durch Forderungen der Gestalt

$$y_1(x_0) = y_1^{(0)}, \quad y_2(x_0) = y_2^{(0)}, \quad \ldots, \quad y_n(x_0) = y_n^{(0)} \tag{1.1.10}$$

oder in vektorieller Schreibweise durch

$$\boldsymbol{y}(x_0) = \boldsymbol{y}_0 \tag{1.1.10'}$$

ausgedrückt.

Grundlegend für die hier uns beschäftigende Theorie ist hauptsächlich der *Existenz- und Eindeutigkeitssatz*, welcher im wesentlichen aussagt, daß ein System der Gestalt (1.1.8) zusammen mit den Anfangsbedingungen (1.1.10) „im allgemeinen" eine und nur eine Lösung zuläßt. Die Voraussetzungen, unter welchen dieser Satz meistens bewiesen wird, sind die folgenden:

(a) Die Funktionen $f_k(x, y_1, y_2, \ldots, y_n)$ sollen in einem gewissen Bereich

$$x_0 \leqq x \leqq x_0 + a, \qquad |y_k - y_k^{(0)}| \leqq b_k, \qquad k = 1, 2, \ldots, n$$

stetige Funktionen bzgl. ihrer sämtlichen Veränderlichen sein.

(b) Die Funktionen sollen im angegebenen Bereich in bezug auf jede Veränderliche y_h eine LIPSCHITZ-Bedingung erfüllen, d.h. es sollen passende positive Konstanten $A_{h,k}$ derart existieren, daß im obigen Bereich die Ungleichung

$$|f_k(x, y_1, \ldots, y_{h-1}, y_h^*, y_{h+1}, \ldots, y_n) - f_k(x_1, y_1, \ldots, y_n)| < A_{hk}\, |y_h^* - y_h| \tag{1.1.11}$$

zutrifft.

Sind (a) und (b) erfüllt, so ist der Existenz- und Eindeutigkeitssatz in einem gewissen Intervall $(x_0, x_0 + a')$ mit $0 < a' \leqq a$ gültig. Es lohnt sich, den Beweis wenigstens zu skizzieren, da die hierbei verwendete Methode auch zur numerischen Ermittlung der entsprechenden Lösung benutzt werden kann.

Zuerst führt man das System zusammen mit den Anfangsbedingungen in das System der n *Integralgleichungen*

$$y_k(x) = y_k^{(0)} + \int_{x_0}^{x} f_k[\xi, y_1(\xi), \ldots, y_n(\xi)]\, d\xi, \qquad k = 1, 2, \ldots, n \tag{1.1.12}$$

über. Dann definiert man *sukzessive Näherungen* $y_k^{(1)}(x)$, $y_k^{(2)}(x)$, ... für $y_k(x)$ durch die Rekursionsformeln

$$y_k^{(m+1)} = y_k^{(0)} + \int_{x_0}^{x} f_k[\xi, y_1^{(m)}(\xi), \ldots, y_n^{(m)}(\xi)]\, d\xi,$$
$$k = 1, 2, \ldots, n; \qquad m = 0, 1, 2, \ldots.$$

Die gewünschte Lösung erhält man endlich durch die absolut und gleichmäßig konvergierenden Reihen

$$y_k(x) = y_k^{(0)} + [y_k^{(1)}(x) - y_k^{(0)}] + [y_k^{(2)}(x) - y_k^{(1)}(x)] + \cdots,$$
$$k = 1, 2, \ldots, n. \tag{1.1.13}$$

Die praktische Bedeutung dieses Iterationsverfahrens (von E. PICARD) besteht hauptsächlich darin, daß man auf diesem Wege eine schon bekannte, grobe Lösung des Anfangswertproblems leicht verbessern kann.

Den hier nur skizzierten Beweis für den Existenz- und Eindeutigkeitssatz findet man in den meisten Lehrbüchern über Differentialgleichungen, z.B. in TRICOMI [6], § 1.3.

1.2 Darstellung durch Richtungs- und Vektorfelder

Den Lösungen eines Differentialgleichungssystems vom Typus (1.1.8) entsprechen gewisse Kurven des $(n+1)$-dimensionalen $(x, y_1, y_2, \ldots, y_n)$-Raumes, welche man *Integralkurven* des Systems nennt. Die geometrische Bedeutung des fundamentalen Existenz- und Eindeutigkeitssatzes ist offenbar die, daß diese Kurven jeden Bereich $\mathfrak{B}$, in dem der Existenz- und Eindeutigkeitssatz gilt, *schlicht* überdecken, d.h. derart überdecken, daß durch jeden Punkt dieses Bereiches genau eine Integralkurve hindurchgeht. Die Richtungskosinus der Tangenten der Integralkurven sind zu den Größen

$$1, \quad \frac{dy_1}{dx} = f_1, \quad \frac{dy_2}{dx} = f_2, \quad \ldots, \quad \frac{dy_n}{dx} = f_n \tag{1.2.1}$$

proportional. Mit anderen Worten: Jedem Punkt P des Bereiches $\mathfrak{B}$ wird ein bestimmtes *Linienelement* zugeordnet, welches die durch P gehende Integralkurve des Systems charakterisiert. Die Gesamtheit dieser Linienelemente nennt man das *Richtungsfeld* des betrachteten Systems (oder der entsprechenden Gleichung höherer Ordnung).

Das Richtungsfeld, welches man also offenbar als die geometrische Deutung des gegebenen Systems ansehen kann, gibt, wenn es gezeichnet vorliegt, eine allgemeine Vorstellung vom Verlauf der Integralkurven des Systems. Das ist insbesondere einleuchtend im Fall $n=1$, d.h. im Fall einer einzigen Gleichung erster Ordnung

$$\frac{dy}{dx}=f(x,y)\,. \tag{1.2.2}$$

Hier ist das Richtungsfeld zweidimensional.

Im besonders einfachen Fall der Gleichung

$$y\,y'+x=0 \tag{1.2.3}$$

oder

$$y'=-\frac{1}{\frac{y}{x}}$$

ist jedes Linienelement zum Ortsvektor des Trägerpunktes senkrecht, und das Richtungsfeld (Abb. 1) zeigt unmittelbar, daß die Integralkurven der Gleichung konzentrische Kreise um den Nullpunkt sind. Dies läßt sich auch leicht direkt bestätigen.

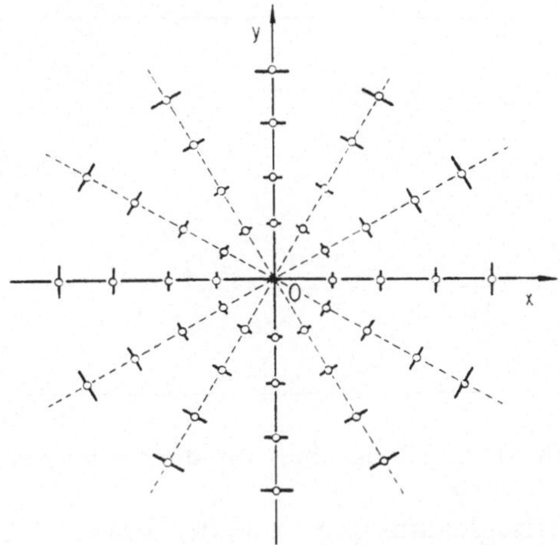

Abb. 1. Beispiel eines Richtungsfeldes

Ist $n\geqq 2$, so muß man, um das Richtungsfeld zu zeichnen, die Methoden der darstellenden Geometrie heranziehen. Zum Beispiel werden für $n=2$, d.h. im Fall, daß das betrachtete System die Gestalt

$$\left.\begin{aligned}\frac{dy}{dx} &= f(x, y, z)\\ \frac{dz}{dx} &= g(x, y, z)\end{aligned}\right\} \tag{1.2.4}$$

hat, die Projektionen eines Linienelementes auf die (x,y)- und (x,z)-Ebene (Grund- und Aufriß) durch die Winkel φ und ψ bestimmt, welche sie mit der x-Achse bilden. φ und ψ sind dabei durch die Beziehungen

$$\operatorname{tg}\varphi = f(x, y, z), \qquad \operatorname{tg}\psi = g(x, y, z)$$

bestimmt (Abb. 2).

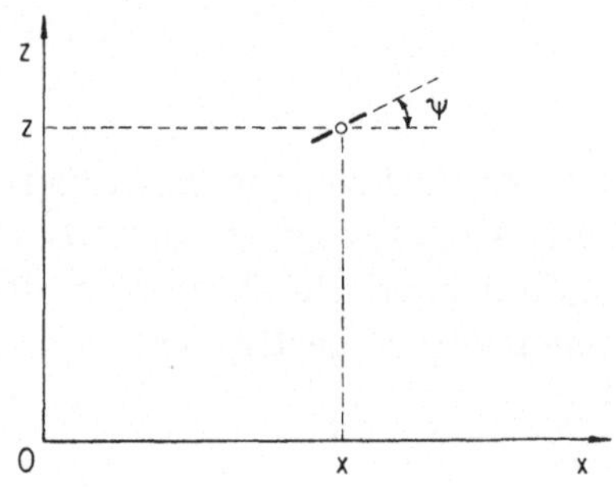

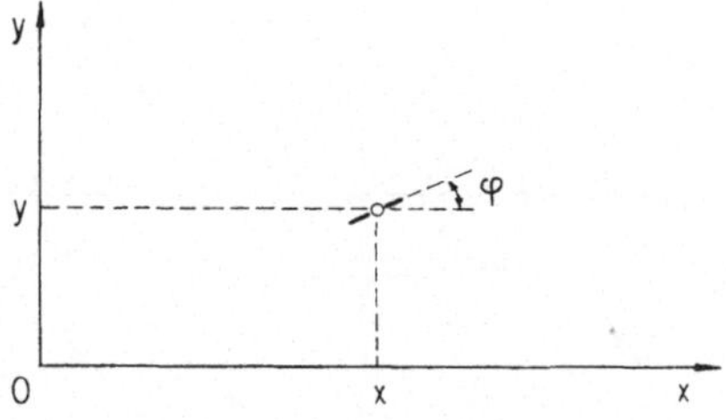

Abb. 2. Mongesche Darstellung eines dreidimensionalen Richtungsfeldes

Ein Differentialgleichungssystem der Form (1.1.8) heißt autonom, wenn die Funktionen auf der rechten Seite nicht explizit von x abhängen. Ein autonomes System von n Differentialgleichungen ist äquivalent einem nichtautonomen System von $n-1$ Gleichungen. Es genügt dazu, $n-1$ Gleichungen durch die übrigbleibende (etwa die k-te) zu dividieren und y_k als neue unabhängige Veränderliche zu betrachten. Umgekehrt kann man ein nichtautonomes System, z.B. (1.1.8), in ein autonomes System von $n+1$ Gleichungen umformen, indem man eine „neue“ unabhängige Veränderliche t einführt und x als „unbekannte“ Funktion ansieht. Hierdurch gelangt man zum autonomen System

$$\left.\begin{aligned} \frac{dx}{dt} &= 1 \\ \frac{dy_1}{dt} &= f_1(x, y_1, y_2, \ldots, y_n) \\ &\ldots\ldots\ldots\ldots\ldots \\ \frac{dy_n}{dt} &= f_n(x, y_1, y_2, \ldots, y_n) \end{aligned}\right\} . \tag{1.2.5}$$

Liegt ein autonomes System vor, so ist es oft vorteilhaft, statt eines Richtungsfeldes ein *Vektorfeld* zu betrachten. Zum Beispiel ist es bei einem System der Gestalt

$$\left.\begin{aligned} \frac{dx}{dt} &= P(x, y) \\ \frac{dy}{dt} &= Q(x, y) \end{aligned}\right\} , \tag{1.2.6}$$

welches der Gleichung erster Ordnung

$$\frac{dy}{dx} = \frac{Q(x, y)}{P(x, y)} \tag{1.2.7}$$

entspricht, oft nützlich, die Darstellung durch das Vektorfeld

$$\boldsymbol{v} = P(x, y)\,\boldsymbol{i} + Q(x, y)\,\boldsymbol{j}$$

zu benutzen, wo $\boldsymbol{i}, \boldsymbol{j}$ Einheitsvektoren bezeichnen, die in Richtung der x- bzw. der y-Achse liegen. Es gibt nämlich Fälle, in denen auch der Betrag und die Orientierung des Vektors $\boldsymbol{v}$ eine Bedeutung haben.

Das Zeichnen des Richtungsfeldes einer Gleichung der Form (1.2.2) wird erleichtert durch die Bestimmung der *Isoklinen*, d.h. der Kurven

$$f(x, y) = k = \text{const},$$

welche den geometrischen Ort derjenigen Punkte darstellen, in denen die Steigung $f(x, y)$ des Linienelementes des Richtungsfeldes den festen Wert k hat.

Ein wichtiges Beispiel stellt die van der Polsche Gleichung

$$\frac{d^2x}{dt^2} + \mu(x^2 - 1)\frac{dx}{dt} + x = 0 \tag{1.2.8}$$

dar, wo μ eine positive Konstante bezeichnet. Diese Gleichung hat eine fundamentale Rolle in der Entwicklung der nichtlinearen Mechanik gespielt. Setzt man

$$\frac{dx}{dt} = y,$$

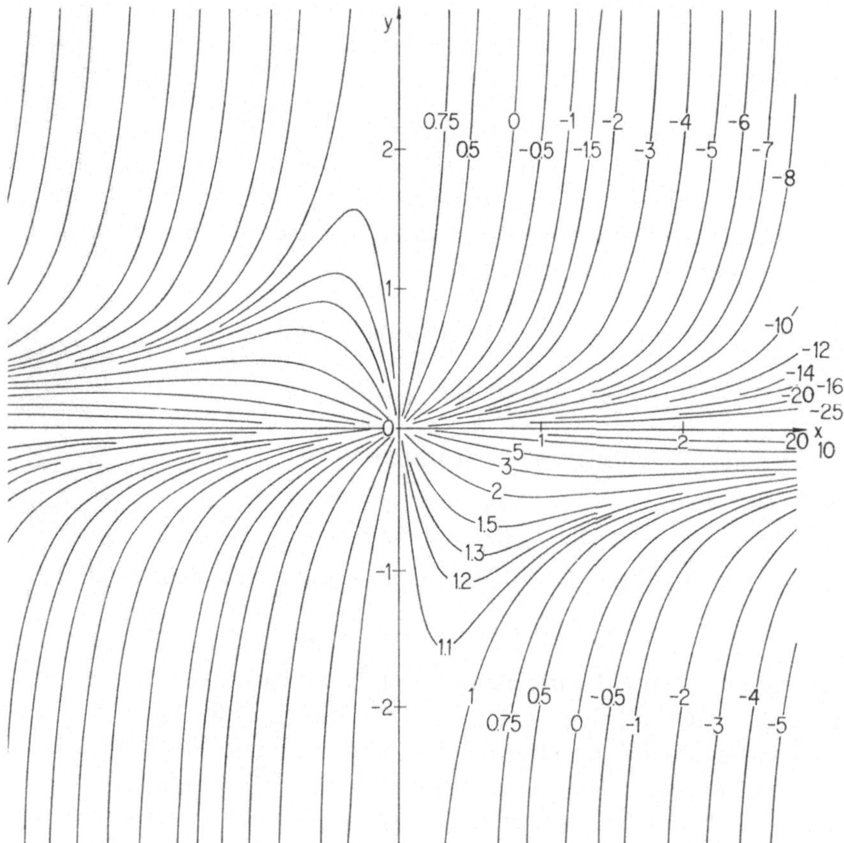

Abb. 3. Isoklinen der van der Polschen Gleichung (für $\mu = 1$)

so entspricht (1.2.8) dem autonomen System

$$\left.\begin{aligned} \frac{dx}{dt} &= y \\ \frac{dy}{dt} &= \mu(1-x^2)\,y - x \end{aligned}\right\} \tag{1.2.9}$$

oder auch der Gleichung erster Ordnung

$$\frac{dy}{dx} = \mu(1-x^2) - \frac{x}{y}\,. \tag{1.2.10}$$

Das zeigt, daß hier die Isoklinen die algebraischen Kurven dritter Ordnung

$$x + k\,y + \mu\,y(x^2-1) = 0 \tag{1.2.11}$$

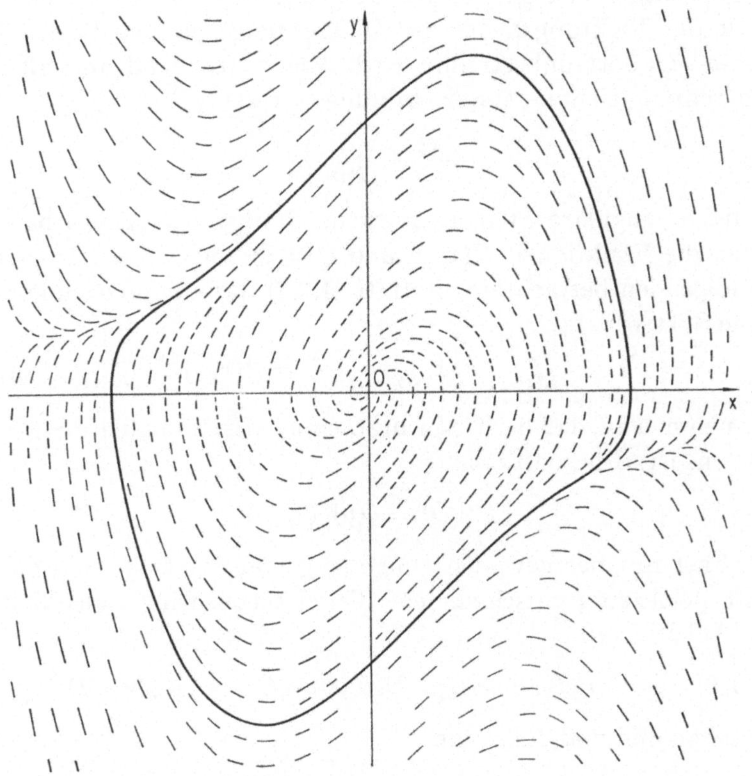

Abb. 4. Richtungsfeld der van der Polschen Gleichung (für $\mu = 1$) mit der geschlossenen Integralkurve

sind. Es handelt sich um Kurven mit dem Ursprung als Symmetriezentrum, welche für $\mu = 1$ und verschiedene Werte von k in Abb. 3 dargestellt sind. Mit Hilfe dieser Isoklinen ist es nicht schwer, das Richtungsfeld zu zeichnen. Den Fall $\mu = 1$ zeigt Abb. 4. Es wird so die Haupteigenschaft der reduzierten Gleichung (1.2.10) deutlich, nämlich eine und nur eine *geschlossene* Integralkurve zu besitzen. Dies entspricht der Existenz einer *periodischen* Lösung für die van der Polsche Gleichung (1.2.8). Siehe auch § 1.6 dazu.

1.3 Singuläre Stellen des Richtungsfeldes einer Differentialgleichung erster Ordnung

Im vorigen Beispiel ist der Ursprung O offenbar eine *singuläre* Stelle des Richtungsfeldes der Differentialgleichung, da der Wert von dy/dx dort unbestimmt wird. Allgemeiner sind im Fall einer Differentialgleichung erster Ordnung, z. B. (1.2.7)

$$\frac{dy}{dx} = \frac{Q(x, y)}{P(x, y)}$$

derartige singuläre Stellen sämtliche Punkte der (x, y)-Ebene, in denen die Funktionen $P(x, y)$ und $Q(x, y)$ zugleich verschwinden. Im folgenden betrachten wir statt (1.2.7) das entsprechende autonome System

$$\frac{dx}{dt} = P(x, y), \qquad \frac{dy}{dt} = Q(x, y) \tag{1.3.1}$$

und nehmen an, daß der Ursprung O eine *isolierte* singuläre Stelle des Systems ist, d. h., daß zwar

$$P(0, 0) = Q(0, 0) = 0$$

gilt, aber in einer gewissen Umgebung von O $P(x, y)$ und $Q(x, y)$ nicht gleichzeitig verschwinden. Weiter setzen wir voraus, daß die vier Ableitungen

$$P_x(0, 0) = A, \quad P_y(0, 0) = B, \quad Q_x(0, 0) = C, \quad Q_y(0, 0) = D \tag{1.3.2}$$

existieren und daß, falls man

$$P(x, y) = Ax + By + \varepsilon(x, y), \quad Q(x, y) = Cx + Dy + \eta(x, y) \tag{1.3.3}$$

setzt, die beiden Restglieder ε und η von kleinerer Größenordnung als

$$\varrho = \sqrt{x^2 + y^2}$$

sind[1], wofür man bekanntlich zur Abkürzung

$$\varepsilon = o(\varrho), \qquad \eta = o(\varrho) \tag{1.3.4}$$

[1] Unter Umständen wird eine schärfere Forderung nötig sein.

schreibt. Endlich nehmen wir an, daß die wichtige Bedingung

$$AD - BC \neq 0 \tag{1.3.5}$$

erfüllt sei, da sonst die Diskussion des Verlaufs der Integralkurven in der Nähe der singulären Stelle sofort schwierig wird und außerhalb des Rahmens unserer Betrachtungen liegt.

Das Hauptergebnis dieser Diskussion ist, daß „im allgemeinen" der Verlauf der Integralkurven der gegebenen Differentialgleichung ähnlich demjenigen der Integralkurven der *verkürzten Differentialgleichung*

$$\frac{dy}{dx} = \frac{Cx + Dy}{Ax + By} \tag{1.3.6}$$

bzw. des verkürzten autonomen Systems

$$\frac{dx}{dt} = Ax + By, \qquad \frac{dy}{dt} = Cx + Dy \tag{1.3.7}$$

ist. Deshalb diskutiert man also zunächst die Integralkurven eines solchen Systems, was ein ziemlich elementares Problem darstellt.

Diese Diskussion geschieht am besten mit Hilfe einer linearen Koordinatentransformation

$$\left.\begin{aligned} \xi &= \alpha x + \beta y \\ \eta &= \gamma x + \delta y \end{aligned}\right\} \quad \alpha\delta - \beta\gamma \neq 0, \tag{1.3.8}$$

welche das System (1.3.7) in die kanonische Form

$$\frac{d\xi}{dt} = \lambda_1 \xi, \qquad \frac{d\eta}{dt} = \lambda_2 \eta \tag{1.3.9}$$

überführt. Man sieht, daß die Koeffizienten λ_1 und λ_2 die Wurzeln der algebraischen Gleichung zweiten Grades

$$\begin{vmatrix} A-\lambda & C \\ B & D-\lambda \end{vmatrix} = \lambda^2 - I\lambda + H = 0 \tag{1.3.10}$$

mit

$$I = A + D, \qquad H = AD - BC \neq 0 \tag{1.3.11}$$

sind. Man hat nun verschiedene Fälle zu unterscheiden.

I) Wenn

$$\Delta = I^2 - 4H > 0, \qquad H > 0 \tag{1.3.12}$$

ist, so hat die Gleichung (1.3.10) zwei verschiedene reelle Wurzeln mit gleichem Vorzeichen. Das kanonische System (1.3.9) führt dann zur Differentialgleichung

$$\frac{d\eta}{d\xi} = a\,\frac{\eta}{\xi} \tag{1.3.13}$$

wo a $(=\lambda_2/\lambda_1)$ eine positive, von 1 verschiedene Konstante bezeichnet.

II) Wenn

$$\Delta > 0, \qquad H < 0 \tag{1.3.14}$$

ist, so sind die Wurzeln λ_1 und λ_2 reell, aber von verschiedenem Vorzeichen, so daß in der reduzierten Gleichung (1.3.13) die Konstante a negativ ausfällt.

III) Wenn

$$\Delta = 0 \tag{1.3.15}$$

ist, so hat man $\lambda_1 = \lambda_2 = I/2$ und kann somit das System (1.3.7) auf die neue kanonische Form

$$\frac{d\xi}{dt} = \lambda_1\,\xi, \qquad \frac{d\eta}{dt} = \lambda_1(\xi+\eta) \tag{1.3.16}$$

bringen.

IV) Wenn schließlich

$$\Delta < 0 \tag{1.3.17}$$

ist, so sind λ_1 und λ_2 wie auch ξ und η zueinander konjugiert komplex. Mit Hilfe des Ansatzes

$$\lambda_1 = \mu + i\,\nu, \qquad \lambda_2 = \mu - i\,\nu, \qquad \xi = X + i\,Y, \qquad \mu = X - i\,Y$$

erhält man das reelle kanonische System

$$\frac{dX}{dt} = \mu X - \nu Y, \qquad \frac{dY}{dt} = \nu X + \mu Y. \tag{1.3.18}$$

Man gelangt so – unter Berücksichtigung der Restglieder ε und η – zu folgenden Ergebnissen[1]:

I) Im Fall $\Delta > 0$, $H > 0$ wird die singuläre Stelle als *Knotenpunkt* bezeichnet; sämtliche Integralkurven, die sich der singulären Stelle O

[1] Wegen der entsprechenden Beweise in möglichst einfacher Form siehe Tricomi [6]. Das Problem (einschließlich des Falles $H = 0$) wird eingehend diskutiert in Sansone-Conti und Lefschetz.

genügend nähern, gehen durch O und haben dort eine bestimmte Tangente. Genauer gesagt gibt es zwei mögliche Tangenten, deren Steigungen p_1, p_2 die beiden Wurzeln der Gleichung zweiten Grades

$$B p^2 + (A - D) p - C = 0 \qquad (1.3.19)$$

sind. Sämtliche Integralkurven gehen durch O und haben dort mit Ausnahme einer einzigen eine Tangente mit der Steigung p_1, während die ausgenommene dort eine Tangente der Steigung p_2 hat (Abb. 5).

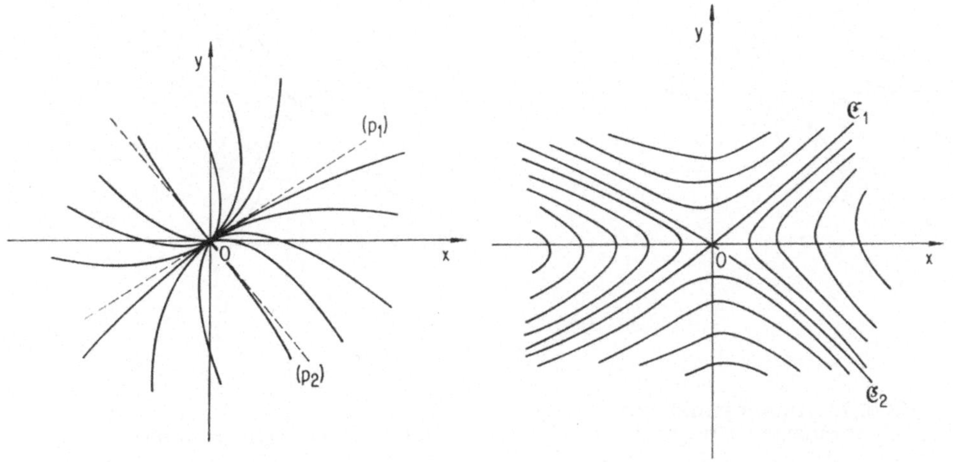

Abb. 5. Knotenpunkt

Abb. 6. Sattelpunkt

II) Im Fall $\Delta > 0$, $H < 0$ wird die singuläre Stelle ein *Sattelpunkt* genannt, weil der Verlauf der Integralkurven in ihrer Umgebung an die Niveaulinien in der Nähe eines *Bergsattels* erinnert. Es gibt nämlich *zwei* durch O hindurchgehende Integralkurven $\mathfrak{c}_1$, $\mathfrak{c}_2$, deren Tangenten dort die oben ermittelten Steigungen p_1 bzw. p_2 haben, während sich die übrigen Integralkurven dem Punkt O anfangs nähern und sich dann wieder von ihm entfernen (Abb. 6). Die beiden Kurven $\mathfrak{c}_1$ und $\mathfrak{c}_2$ (die auch Teile ein und derselben Integralkurve sein können, d. h. weit von O entfernt stetig ineinander übergehen können) heißen *Separatrizen* (*Trennungslinien*). Sie spielen in der Diskussion der gegebenen Differentialgleichung stets eine besondere Rolle.

III) Im Fall $\Delta = 0$ ist es zunächst zweckmäßig, die Bedingungen (1.3.4) durch die stärkeren

$$\varepsilon = O(\varrho^{1+h}), \quad \eta = O(\varrho^{1+h}), \quad h > 0$$

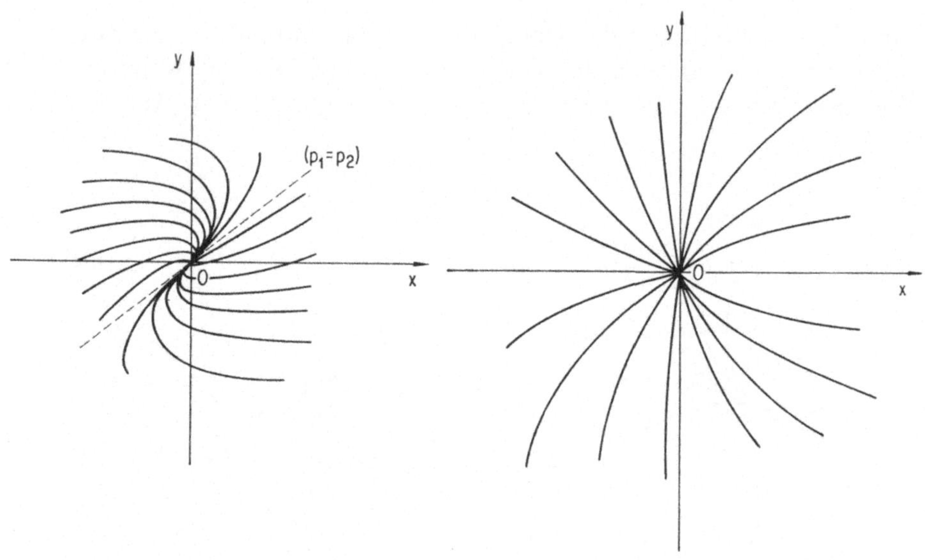

Abb. 7. Knotenpunkt mit einer einzigen Tangente

Abb. 8. Stern-Knotenpunkt

zu ersetzen. Es sind dann die zwei Unterfälle

IIIa) $\Delta = 0, \quad B^2 + C^2 > 0$ und

IIIb) $\Delta = 0, \quad B = C = 0$

zu unterscheiden. Jedesmal haben wir es mit einem *Knotenpunkt* zu tun. Im Fall IIIa) gehen aber sämtliche Integralkurven durch O mit der gleichen Tangente (es ist $p_1 = p_2$, Abb. 7), während im Fall IIIb) die singuläre Stelle ein *Sternknotenpunkt* ist, d.h. jede Integralkurve endet in O mit einer eigenen Tangente, deren Neigung p zwischen $-\infty$ und $+\infty$ liegt (Abb. 8).

IV) Im Fall $\Delta < 0$ heißt die singuläre Stelle O *Wirbelpunkt* (oder auch *Strudelpunkt*), wenn zusätzlich $I \neq 0$ ist, weil dann sämtliche Integralkurven, die sich O genügend nähern, dort für $t \to \pm\infty$ *spiral-*

artig enden (Abb. 9). Gilt hingegen $I=0$, dann ist die singuläre Stelle *O für die verkürzte* Gleichung (1.3.6) ein *Zentrum*, d.h. ein Punkt, um den sich unendlich viele geschlossene Integralkurven winden (Abb. 10); man darf aber nicht schließen, daß dasselbe auch für die *unverkürzte* Gleichung eintreten muß. Es kann z.B. sein, daß die unverkürzte

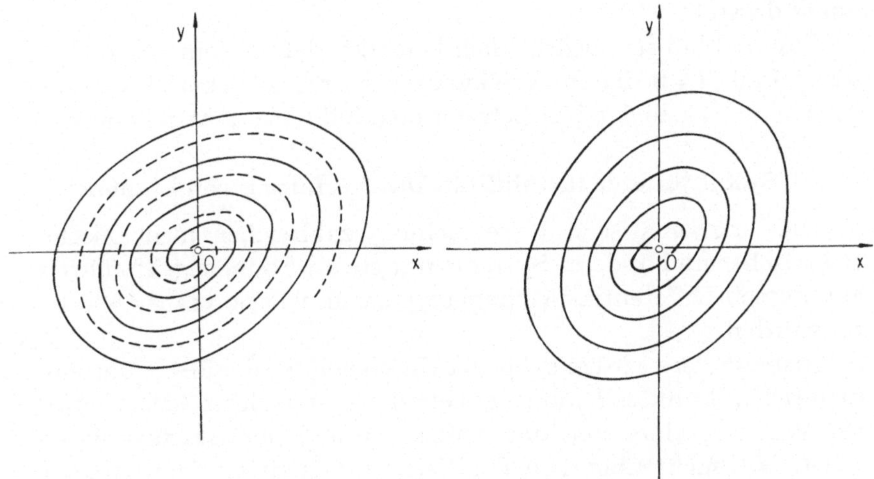

Abb. 9. Wirbelpunkt

Abb. 10. Zentrum

Gleichung einen Wirbelpunkt oder gar eine noch kompliziertere Singularität aufweist. Der Sachverhalt kann hier nicht mit Hilfe der Konstanten A, B, C und D allein entschieden werden, sondern es müssen auch die Glieder höherer Ordnung der beiden Funktionen $P(x,y)$ und $Q(x,y)$ herangezogen werden. Eines der wenigen einfachen Ergebnisse in dieser nicht leichten Frage ist folgendes: *Gilt* $\Delta<0$, $I=0$ *und genügen die Funktionen* $P(x,y)$ *und* $Q(x,y)$ *den Bedingungen* $P(x,-y)=-P(x,y)$, $Q(x,-y)=Q(x,y)$, *dann ist der Ursprung für die Differentialgleichung* $dy/dx=Q/P$ *ein Zentrum.*

Im besonders einfachen Fall der *trennbaren* Gleichung

$$\frac{dy}{dx}=\frac{g(x)}{f(x)} \tag{1.3.20}$$

hat man unter der Voraussetzung $f(0)=g(0)=0$, $A=0$, $B=f'(0)$, $C=g'(0)$, $D=0$, $I=0$, $H=-f'(0)\,g'(0)$, $\Delta=4f'(0)\,g'(0)$. Infolgedessen ist der Ursprung ein *Sattelpunkt*, falls $f'(0)\cdot g'(0)>0$ gilt;

hat man dagegen $f'(0) \cdot g'(0) < 0$, so handelt es sich um ein *Zentrum*, weil die Gleichung

$$\int_0^x g(x)\,dx - \int_0^y f(y)\,dy = k = \text{const} \tag{1.3.21}$$

für genügend kleine Werte der Konstanten k geschlossene Kurven um O darstellt.

Zum Schluß sei ausdrücklich bemerkt, daß in dem ausgeschlossenen Fall $H=0$ die Integralkurven unseres Systems (1.3.1) auch ganz anders als in den hier betrachteten Fällen verlaufen können.

1.4 Stabilität und Instabilität. Das Verfahren von Ljapunov

Die mathematische Untersuchung zahlreicher mechanischer, elektrischer und anderer Systeme mit einem Freiheitsgrad führt zu autonomen Differentialgleichungssystemen, wie sie vorher betrachtet wurden.

Insbesondere wird man bei der Untersuchung der Bewegung eines materiellen Punktes P auf einer Geraden – etwa der x-Achse – unter der Wirkung einer von der Abszisse x und der Geschwindigkeit $\dot{x} = dx/dt$, nicht aber von der Zeit t abhängigen Kraft auf eine Differentialgleichung der Form

$$\ddot{x} = f(x, \dot{x}) \tag{1.4.1}$$

geführt. Sie ist, wenn man $\dot{x} = y$ setzt, dem autonomen System

$$\dot{x} = y, \qquad \dot{y} = f(x, y) \tag{1.4.2}$$

im (x, y)-*Phasenraum* äquivalent. Unter der Voraussetzung, daß

$$f(0, 0) = 0 \tag{1.4.3}$$

gilt, weist das System (1.4.2) im Ursprung eine von jenen Singularitäten auf, wie sie im vorigen Abschnitt studiert wurden. Man hat eigentlich

$$A = 0, \quad B = 1, \quad C = f_x(0, 0), \quad D = f_y(0, 0), \quad I = f_y(0, 0),$$
$$H = -f_x(0, 0), \quad \Delta = [f_y(0, 0)]^2 + 4 f_x(0, 0).$$

Die singuläre Stelle 0 ist ein *Gleichgewichtspunkt* des mechanischen Systems, weil die Gleichungen (1.4.2) durch $x=0$, $y=0$ offenbar befriedigt werden.

Handelt es sich aber um ein *stabiles* oder ein *instabiles* Gleichgewicht? Um dies zu erläutern, nehmen wir an, daß sich das System im Phasenraum nicht genau in O, sondern in einem benachbarten Punkt P_0 befinde. Bleibt dann der Punkt P, der den Zustand des Systems repräsentiert, in der Nähe von O, so sprechen wir von *Stabilität*; entfernt er sich jedoch von O, so handelt es sich um *Instabilität*. Strebt im Fall der Stabilität der Punkt nach O, so liegt *asymptotische Stabilität* vor.

Es ist zunächst klar, daß es sich *im Fall des Sattelpunktes* um *Instabilität* handelt, weil, abgesehen von den Trennungslinien, alle Integralkurven vom Punkt P mit wachsendem t so durchlaufen werden, daß er sich am Ende von O entfernt. Ebenso evident ist es, daß im Fall des *Zentrums* (*nichtasymptotische*) *Stabilität* vorliegt.

Es bleiben die Fälle des *Knotenpunktes* und des *Wirbelpunktes* übrig, in denen man asymptotische Stabilität oder Instabilität hat, je nachdem wie bei wachsendem t die Integralkurven durchlaufen werden. Bezeichnet wie früher ϱ die Entfernung von O, so hat man in den beiden zuletzt genannten Fällen (mit den in Abschn. 1.3 eingeführten Bezeichnungen) der Reihe nach

$$\frac{1}{\varrho}\frac{d\varrho}{dt} = \frac{1}{2}I + \cdots, \qquad \frac{1}{\varrho}\frac{d\varrho}{dt} = \mu + \cdots = \frac{1}{2}I + \cdots,$$

wobei sich die Punkte auf Glieder beziehen, die mit ϱ gegen Null streben. *In beiden Fällen haben wir also Instabilität, wenn* $I > 0$, *und asymptotische Stabilität, wenn* $I < 0$ *ist.*

Man kann die Resultate der obigen Diskussion und derjenigen von Abschn. 1.3 in einem übersichtlichen Schema (Abb. 11) zusammenfassen, bei dem jede singuläre Stelle durch einen Punkt in einer Hilfsebene repräsentiert wird, deren kartesische Koordinaten die Größen I und H sind. Dazu genügt es zu bemerken, daß die eingezeichnete Kurve (eine Parabel) den Ort der Punkte mit $\Delta = 0$ darstellt und die Punkte der horizontalen Achse ($H = 0$) vom Schema auszuschließen sind.

Die Methode, vermöge der wir vorhin Stabilität von Instabilität im Fall des Knoten- oder Wirbelpunktes unterscheiden konnten, ist besonders lehrreich, weil sie sich auf die Untersuchung des Vorzeichens von $d\varrho/dt$ stützt. An Stelle von ϱ hätten wir ebensogut irgendeine stetige, nichtnegative Funktion $V(x, y)$ der Punkte der Phasenebene benutzen können, solange diese nur eine *Ljapunovsche*

Funktion ist, d.h. eine Funktion, deren Wachstum und Fallen Rückschlüsse auf die Zu- oder Abnahme der Entfernung des Punktes $P=(x, y)$ vom Ursprung O zuläßt. Es läßt sich zeigen, daß man dafür im wesentlichen nur zu verlangen braucht, daß die Funktion V lediglich im Ursprung verschwindet und ihre Niveaulinien $V(x, y) = k =$ const für kleine Werte von k topologisch äquivalent einer Folge von konzentrischen Kreisen sind.

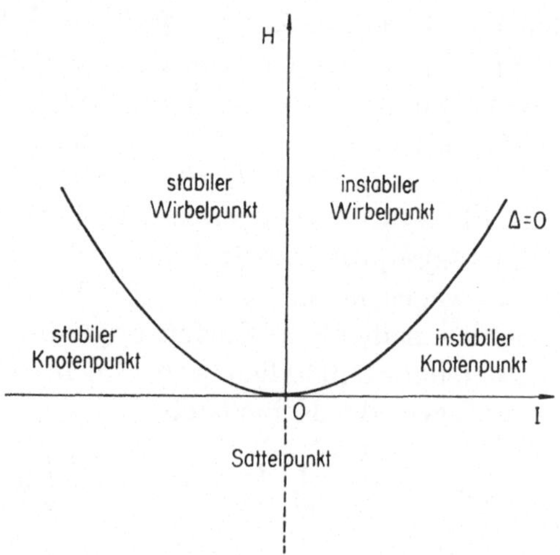

Abb. 11. Einteilung der Singulärstellen

Auf diesem Gedankengang beruht das *Ljapunovsche Verfahren*, mit dessen Hilfe in manchen Fällen Stabilität und Instabilität unterschieden werden können, *ohne daß man dazu die allgemeine Lösung der vorgelegten Differentialgleichung zu kennen braucht.* Im wesentlichen besteht das Verfahren von LJAPUNOV in der Anwendung des folgenden Satzes: *Es sei das autonome Differentialgleichungssystem*

$$\frac{dx}{dt} = P(x, y), \qquad \frac{dy}{dt} = Q(x, y) \tag{1.4.4}$$

gegeben, wo P und Q stetige Funktionen von x und y sind, die nur im Ursprung O, aber nirgends sonst in einer gewissen Umgebung von O gleichzeitig den Wert Null annehmen, d.h. der Vektor

$$\boldsymbol{v} = P(x, y)\,\boldsymbol{i} + Q(x, y)\,\boldsymbol{j} \tag{1.4.5}$$

soll in dieser Umgebung nur in O verschwinden. Dann ist der Ursprung O sicher ein stabiler Gleichgewichtspunkt des Systems, wenn man eine Ljapunovsche Funktion $V(x, y)$ derart finden kann, daß in einer Umgebung von O stets

$$\frac{dV}{dt} = \boldsymbol{v} \cdot \operatorname{grad} V \leqq 0 \tag{1.4.6}$$

gilt.

Auf den Beweis hierfür wollen wir – obwohl er sehr leicht ist – nicht eingehen, sondern statt dessen zwei Korollare dieses Satzes angeben.

Korollar I. *Wenn – mit Ausnahme des Punktes O – in einer Umgebung von O statt* (1.4.6) *sogar stets*

$$\boldsymbol{v} \cdot \operatorname{grad} V < 0 \tag{1.4.7}$$

gilt, dann liegt in O asymptotische Stabilität vor.

Korollar II. *Wenn – mit Ausnahme des Punktes O – in einer Umgebung Ω von O stets*

$$\boldsymbol{v} \cdot \operatorname{grad} V > 0$$

gilt und es eine Konstante k derart gibt, daß die Niveaulinie $V = k$ die Umgebung Ω in sich einschließt, dann liegt in O Instabilität in dem Sinne vor, daß der den Zustand des Systems repräsentierende Punkt P von einem gewissen t_0 an nicht mehr in Ω liegt.

Das Ljapunovsche Verfahren läßt sich auch auf kompliziertere Fälle anwenden.

1.5 Anwendung auf das Pendelproblem

Wie schon angedeutet, hängen die Betrachtungen des vorigen Abschnitts mit vielen wichtigen Fragen der modernen nichtlinearen Mechanik zusammen. Hier wollen wir nur kurz das Pendelproblem behandeln, welches Schwingungen von beliebiger Amplitude ausführt, um ein Beispiel für die Anwendungsmöglichkeiten der Betrachtungen in Abschn. 1.3 und 1.4 zu geben.

Wird mit l die Länge des Pendels, mit Θ dessen Winkelabweichung von der Vertikalen und endlich mit g die Schwerebeschleunigung bezeichnet, dann ist bekanntlich – wenn alle Reibungskräfte vernachlässigt werden –

$$\frac{d^2\Theta}{dt^2} + \frac{g}{l} \sin\Theta = 0 \tag{1.5.1}$$

die (nichtlineare) Differentialgleichung des Problems. Diese Gleichung ist – wenn man noch mit ω die Winkelgeschwindigkeit $d\Theta/dt$ bezeichnet – äquivalent dem autonomen System

$$\frac{d\Theta}{dt} = \omega, \qquad \frac{d\omega}{dt} = -\frac{g}{l}\sin\Theta. \tag{1.5.2}$$

Dieses System kann geschlossen mit Hilfe der elliptischen Funktionen integriert werden[1], aber das wird hier keine Rolle spielen. Wichtiger ist dagegen die Bemerkung, daß die singulären Stellen des Richtungsfeldes von (1.5.2) die Punkte P_n:

$$\Theta = n\pi, \qquad \omega = 0 \qquad n \text{ ganzzahlig} \tag{1.5.3}$$

der $(\Theta\,\omega,)$-Phasenebene sind. In P_n gilt dann $A=0$, $B=1$, $C=-\frac{g}{l}\cos n\pi = (-1)^{n+1}\frac{g}{l}$, $D=0$, $I=A+D=0$, $H=AD-BC$ $=(-1)^n\frac{g}{l}$, $\varDelta = I^2-4H = (-1)^{n+1}\cdot 4\frac{g}{l}$. Da demnach hier der Spezialfall (1.3.20) vorliegt, so folgt, wenn m eine beliebige ganze Zahl bezeichnet, daß die Punkte P_{2m} stabile *Zentren* sind, während die Punkte P_{2m+1} instabile *Sattelpunkte* des Richtungsfeldes des Systems bilden. Der Energiesatz liefert die analytische Darstellung der Integralkurven des Systems in geschlossener Form. Man hat nämlich

$$\frac{1}{2}\omega^2 + \frac{g}{l}(1-\cos\Theta) = 2h^2 = \text{const}, \tag{1.5.4}$$

und dies zeigt insbesondere, daß die Trennungslinien des Richtungsfeldes, d.h. die Integralkurven, welche durch die Sattelpunkte P_{2m+1} hindurchgehen, durch die Gleichungen

$$\omega = \pm 2\sqrt{\frac{g}{l}}\cos\left(\frac{\Theta}{2}\right) \tag{1.5.5}$$

dargestellt werden (Abb. 12). Diese Trennungslinien entsprechen dem Werte $\sqrt{g/l}$ der Konstanten h. Für $h<\sqrt{g/l}$ hat man geschlossene Integralkurven, welche je eines der Zentren P_{2m} umgeben, während für $h>\sqrt{g/l}$ „wellige" Integralkurven entstehen, die sich den verschiedenen Sattelpunkten P_{2m+1} mehr oder weniger stark nähern (Abb. 12).

[1] Siehe z.B. TRICOMI [3].

Damit ist die Diskussion des Pendelproblems ziemlich weit geführt. U.a. sieht man so, daß zu den geschlossenen Integralkurven um die Zentren die üblichen periodischen Schwingungen des Pendels gehören, während den „welligen" Integralkurven ungleichförmige Drehungen des Pendels um seinen Aufhängepunkt entsprechen.

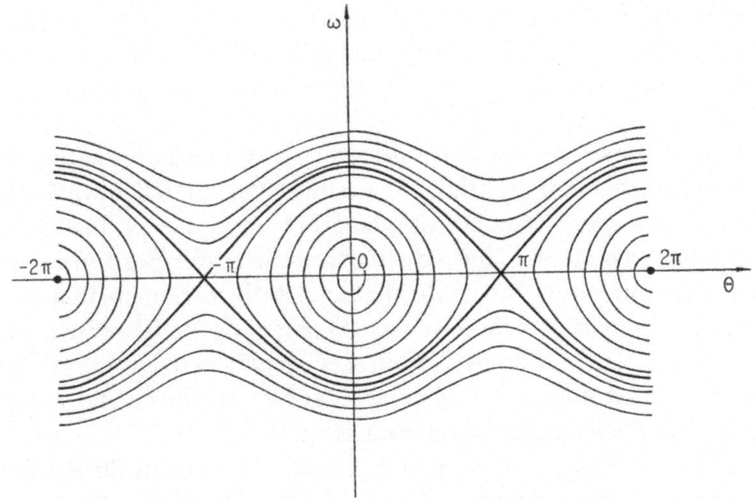

Abb. 12. Pendelbahnen im Phasenraum

Handelt es sich insbesondere um hinreichend kleine Schwingungen, dann hat man *angenähert*

$$1 - \cos\Theta = 2 \cdot \sin^2\left(\frac{\Theta}{2}\right) \approx \frac{\Theta^2}{2}$$

und (1.5.4) geht über in

$$\omega^2 + \frac{g}{l}\,\Theta^2 = 4\,h^2, \tag{1.5.6}$$

was eine *Ellipse* darstellt. Die entsprechende Bewegung ist dann die wohlbekannte *harmonische Schwingung* des Pendels.

Mit ähnlichen Methoden lassen sich viele Probleme über *konservative* mechanische Systeme mit einem Freiheitsgrad diskutieren, d.h. über solche, welche wie das obige das Integral der lebendigen Kräfte zulassen.

1.6 Numerische Integrationsverfahren

Die große Leistungsfähigkeit der modernen Rechenautomaten hat heute die Methoden für die numerische Behandlung sowohl der gewöhnlichen wie auch der partiellen Differentialgleichungen in den Vordergrund gerückt. Entsprechend sind die alten Bemühungen um eine „explizite“ Integration solcher Gleichungen mehr in den Hintergrund getreten, während die Methoden für die qualitative Diskussion der möglichen Lösungen immer aktuell bleiben, weil nur sie eine angemessene Grundlage für die numerische Behandlung liefern können.

Es gibt verschiedene Verfahren für die numerische Integration der gewöhnlichen Differentialgleichungen (von partiellen wird später die Rede sein), z.B. das Iterationsverfahren von Abschn. 1.1, verbunden mit irgendeiner Methode für die numerische Bestimmung der darin vorkommenden Integrale. Jedoch ist die allgemeinste und einfachste Methode für solche Zwecke das *(einstufige) Differenzenverfahren*, welches darin besteht, die in den gegebenen Differentialgleichungen vorkommenden *Differential*quotienten durch die entsprechenden *Differenzen*quotienten zu ersetzen.

Es sei z.B. das grundlegende Anfangswertproblem für ein Differentialgleichungssystem vorgelegt, welches – in vektorieller Formulierung (Abschn. 1.1) – darin besteht, einen n-Vektor $\boldsymbol{y}(x)$ zu bestimmen, der die Differentialgleichung

$$\frac{d\boldsymbol{y}}{dx} = \boldsymbol{f}(x, y) \tag{1.6.1}$$

befriedigt und für $x = x_0$ einen bestimmten Wert $\boldsymbol{y}_0$ annimmt. Verlangt werden die Werte von $\boldsymbol{y}$ in einem gewissen Intervall

$$x_0 \leqq x \leqq x_0 + a .$$

Der erste Schritt beim Differenzenverfahren besteht nun darin, das Intervall $(x_0, x_0 + a)$ in eine geeignete Anzahl N von Teilintervallen der gleichen Schrittweite

$$h = \frac{a}{N}$$

zu zerlegen und sich auf die Werte $\boldsymbol{y}_k$ zu konzentrieren, die der unbekannte Vektor $\boldsymbol{y}$ in den *Gitterpunkten* $x_k = x_0 + k\,h$, $k = 0, 1, 2,$

$\ldots, N$, annimmt. Danach wird die in (1.6.1) vorkommende Ableitung durch den Differenzenquotienten

$$\frac{y_{k+1}-y_k}{h}$$

ersetzt, womit (1.6.1) in die Rekursionsformel

$$y_{k+1}=y_k+h f(x_k, y_k), \qquad k=0,1,2,\ldots,N-1 \qquad (1.6.2)$$

übergeht, welche die gesuchten Werte y_k von y liefert.

Wie man sieht, ist das Verfahren äußerst einfach und erreicht *theoretisch* bei hinreichend kleiner Schrittweite h eine beliebig gute Approximation. Hierbei ist die Notwendigkeit, ein großes N zu verwenden, angesichts der Eigenschaften der modernen programmgesteuerten Rechenanlagen kein Hindernis. Man muß jedoch die Möglichkeit der Häufung von *Rundungsfehlern* beachten, durch welche die Wahl eines allzu großen N unzweckmäßig wird. Man wird so dazu geführt, eine bessere Approximation nicht durch eine ungebührliche Vergrößerung von N, sondern durch Verwendung einer feineren ,,Übersetzung'' der Ableitungen zu erreichen. Um dies einzusehen, nehmen wir der Einfachheit halber an, daß $n=1$ sei und überlegen uns, daß beim obigen Differenzenverfahren der Integralausdruck in der Integralgleichung

$$y_{k+1}=y_k+\int_{x_k}^{x_{k+1}} f(x, y(x))\, dx, \qquad (1.6.3)$$

welche der Differentialgleichung

$$y'=f(x,y)$$

im Intervall $[x_k, x_{k+1}]$ äquivalent ist, vermöge der ziemlich groben ,,Rechteck-Regel''

$$\int_{x_k}^{x_{k+1}} f(x,y)\, dx \approx h f(x_k, y_k) \qquad (1.6.4)$$

angenähert wird.

Die verfeinerten numerischen Integrationsverfahren für gewöhnliche Differentialgleichungen können als verfeinerte Methoden der Berechnung des Integrals (1.6.4) bzw. der entsprechenden Integrale im Fall $n>1$ verstanden werden.

Zum Beispiel kann man auf das Integral (1.6.4) die Simpsonsche Regel anwenden und kommt so im wesentlichen auf das sogenannte RUNGE-KUTTA-Verfahren.

Oft genügt es aber, die sogenannte „Trapez-Regel“

$$\int_{x_k}^{x_{k+1}} f(x, y)\, dx \approx \frac{h}{2}\left[f(x_k, y_k) + f(x_{k+1}, y_{k+1})\right] \tag{1.6.5}$$

anzuwenden, wodurch man zu einem viel einfacheren Rechenschema gelangt. Man erhält nämlich für $k = 0, 1, 2, \ldots, N-1$

$$\left.\begin{aligned} d_k &= h f(x_k, y_k) \\ d_k^* &= h f(x_{k+1}, y_k + d_k) \\ y_{k+1} &= y_k + \frac{1}{2}(d_k + d_k^*) \end{aligned}\right\}. \tag{1.6.6}$$

Dem RUNGE-KUTTA-Verfahren entspricht dagegen folgendes Rechenschema:

$$\left.\begin{aligned} d_k &= h f(x_k, y_k) \\ d_k^{(1)} &= h f\left(x_k + \frac{1}{2} h, y_k + \frac{1}{2} d_k\right) \\ d_k^{(2)} &= h f\left(x_k + \frac{1}{2} h, y_k + \frac{1}{2} d_k^{(1)}\right) \\ d_k^{(3)} &= h f(x_{k+1}, y_k + d_k^{(2)}) \\ y_{k+1} &= y_k + \frac{1}{6}\left[d_k + 2(d_k^{(1)} + d_k^{(2)}) + d_k^{(3)}\right] \end{aligned}\right\}. \tag{1.6.7}$$

In dem wichtigen Fall einer Differentialgleichung zweiter Ordnung der Gestalt

$$\frac{d^2 x}{d t^2} = f\left(x, \frac{d x}{d t}\right) \tag{1.6.8}$$

oder des äquivalenten autonomen Systems

$$\frac{d x}{d t} = y, \quad \frac{d y}{d t} = f(x, y) \tag{1.6.9}$$

führt das Trapez-Verfahren auf folgendes Rechenschema:

$$\left.\begin{aligned} d_k &= h y_k, \quad \delta_k = h f(x_k, y_k) \\ \delta_k^* &= h f(x_k + d_k, y_k + \delta_k) \\ x_{k+1} &= x_k + d_k + \frac{1}{2} h \delta_k, \quad y_{k+1} = y_k + \frac{1}{2}(\delta_k + \delta_k^*) \end{aligned}\right\}. \tag{1.6.10}$$

Auf diesem Weg kann man leicht eine Integralkurve der van der Polschen Differentialgleichung mit $\mu = 1$ (Abschn. 1.2) berechnen, die sich rasch der geschlossenen Integralkurve der Gleichung spiralartig nähert. Es handelt sich um die Integralkurve, welche durch den Punkt $x_0 = 0$, $y_0 = -0{,}05$ geht. Bei einer Schrittweite $h = 0{,}1$ erhält man mit Hilfe einer programmgesteuerten Rechenanlage die in der folgenden Tabelle zusammengefaßten Resultate:

t	x	y	t	x	y	t	x	y
0	0,0000	−0,0500	9	−1,4758	0,6280	18	2,0015	0,0357
1	−0,0726	−0,0897	10	−0,4183	1,6673	19	1,5231	−0,7694
2	−0,1546	−0,0541	11	+1,7660	1,2995	20	0,3618	−1,7913
3	−0,1315	+0,1270	12	1,7586	−0,5915	21	−1,8443	−1,0942
4	+0,1383	0,4168	13	0,8867	−1,2578	22	−1,7475	+0,6133
5	0,6228	0,4446	14	−1,1803	−2,5231	23	−0,8549	1,2897
6	0,7707	−0,2354	15	−1,9287	+0,3987	24	+1,2462	2,4613
7	0,0445	−1,3057	16	−1,2437	0,9634	25	1,9185	−0,4148
8	−1,5118	−0,9504	17	+0,3290	2,4624	26	1,2192	−0,9819

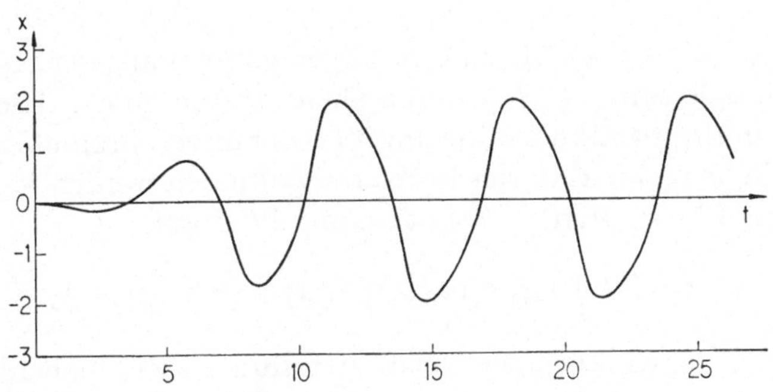

Abb. 13. Eine Lösung $x = x(t)$ der van der Polschen Gleichung mit $\mu = 1$

In Abb. 13 sind die Werte von x als Funktion von t graphisch dargestellt. Man sieht, wie rasch die Periodizität erreicht wird. Weiter bemerkt man, daß die Periode ungefähr gleich 6,65 ist. Die Darstellung von $y = y(t)$ ist ähnlich; nur ist die Amplitude etwas größer.

1.7 Über die Theorie der linearen Differentialgleichungen

Auf die Grundlagen der Theorie der linearen Differentialgleichungen, d.h. der Gleichungen der Form

$$a_0(x)\frac{d^n y}{dx^n} + a_1(x)\frac{d^{n-1}y}{dx^{n-1}} + \cdots + a_n(x)\,y = b(x) \qquad (1.7.1)$$

gehen wir nicht ein, da sie zum elementaren Teil der Theorie der Differentialgleichungen gehört. Wir wollen aber an folgendes erinnern. Ist die entsprechende homogene (oder verkürzte) Gleichung

$$a_0(x)\frac{d^n y}{dx^n} + a_1(x)\frac{d^{n-1}y}{dx^{n-1}} + \cdots + a_n(x)\,y = 0 \qquad (1.7.2)$$

integriert, d.h. sind n partikuläre Lösungen $y_1(x), y_2(x), \ldots, y_n(x)$ von (1.7.2) bekannt, deren Wronskische Determinante

$$W(x) = \begin{vmatrix} y_1 & y_2 & \ldots & y_n \\ y_1' & y_2' & \ldots & y_n' \\ \cdots & \cdots & \cdots & \cdots \\ y_1^{(n-1)} & y_2^{(n-1)} & \ldots & y_n^{(n-1)} \end{vmatrix} \qquad (1.7.3)$$

nicht verschwindet, so läßt sich die allgemeine Lösung der gegebenen Differentialgleichung (1.7.1) durch Quadraturen finden. Hierzu benötigt man eine partikuläre Lösung $Y(x)$ der unverkürzten Gleichung (1.7.1), die manchmal durch Probieren gefunden werden kann. Die allgemeine Lösung von (1.7.1) hat dann die Form

$$y(x) = Y(x) + c_1 y_1(x) + c_2 y_2(x) + \cdots + c_n y_n(x), \qquad (1.7.4)$$

wo $c_1, c_2, \ldots, c_n$ willkürliche Konstanten sind. Es ist nun bemerkenswert, daß es eine Methode gibt, die *Methode der Variation der Konstanten* von LAGRANGE, welche es in allen Fällen gestattet, ein $Y(x)$ zu finden. Der Ansatz

$$Y(x) = c_1(x)\,y_1(x) + c_2(x)\,y_2(x) + \cdots + c_n(x)\,y_n(x) \qquad (1.7.5)$$

liefert zur Bestimmung der unbekannten Funktionen $c_1(x), c_2(x), \ldots, c_n(x)$ – genauer gesagt ihrer Ableitungen $c_1'(x), c_2'(x), \ldots, c_n'(x)$ – das lineare Gleichungssystem

$$\left.\begin{array}{l} y_1(x)\,c_1'(x) + y_2(x)\,c_2'(x) + \cdots + y_n(x)\,c_n'(x) = 0 \\ y_1'(x)\,c_1'(x) + y_2'(x)\,c_2'(x) + \cdots + y_n'(x)\,c_n'(x) = 0 \\ \cdots\cdots\cdots\cdots\cdots\cdots\cdots\cdots\cdots \\ y_1^{(n-2)}(x)\,c_1'(x) + y_2^{(n-2)}(x)\,c_2'(x) + \cdots + y_n^{(n-2)}(x)\,c_n'(x) = 0 \\ y_1^{(n-1)}(x)\,c_1'(x) + y_2^{(n-1)}(x)\,c_2'(x) + \cdots + y_n^{(n-1)}(x)\,c_n'(x) = \dfrac{b(x)}{a_0(x)} \end{array}\right\}, \quad (1.7.6)$$

dessen Koeffizientendeterminante gerade die nicht verschwindende Wronskische Determinante (1.7.3) ist. Man kann also die Ableitungen $c_1'(x), c_2'(x), \ldots, c_n'(x)$ leicht bestimmen, bekommt so durch n Quadraturen die Funktionen $c_1(x), c_2(x), \ldots, c_n(x)$ und endlich – durch Einsetzen in (1.7.5) die gewünschte partikuläre Lösung $Y(x)$.

Diese Methode läßt sich manchmal sogar in denjenigen Fällen anwenden, in welchen die rechte Seite der gegebenen Differentialgleichung auch von der unbekannten Funktion $y(x)$ abhängt (siehe nächsten Abschnitt).

Man kann sich also in der Theorie der linearen Differentialgleichungen auf die Betrachtung homogener Gleichungen beschränken.

Im Fall $n=1$ ist die Gleichung *trennbar*, also elementar integrabel.

Im nächsten sehr wichtigen Fall $n=2$ kann die entsprechende Gleichung

$$a_0(x)\,y'' + a_1(x)\,y' + a_2(x)\,y = 0 \qquad (1.7.7)$$

durch Multiplikation mit

$$\frac{1}{a_0(x)} \exp \int \frac{a_1(x)}{a_0(x)}\,dx$$

in die *selbstadjungierte Form*

$$\frac{d}{dx}\left[p(x)\,\frac{dy}{dx}\right] + P(x)\,y = 0 \qquad (1.7.8)$$

gebracht werden, wo

$$p(x) = \exp \int \frac{a_1(x)}{a_0(x)}\,dx > 0, \qquad P(x) = \frac{a_2(x)}{a_0(x)}\,p(x) \qquad (1.7.9)$$

ist.

Für derartige Differentialgleichungen zweiter Ordnung in selbstadjungierter Form gelten einige ganz einfache, aber wichtige Sätze. Ein erster, von M. PICONE herrührender Satz lautet:

I) *In einem Intervall* $[a, b]$, *in dem überall* $P(x) \leq 0$ *gilt, sind sämtliche Lösungen von* (1.7.8) *nicht oszillierend, d.h. ihre Ableitungen verschwinden dort höchstens einmal. Auch* $y(x)$ *hat dann auf* $[a, b]$ *höchstens eine Nullstelle; ist dies der Fall, so verschwindet* $y'(x)$ *dort nirgends und umgekehrt.*

Der einfache Beweis hierfür beruht auf der Betrachtung der Hilfsfunktion

$$v(x) = p(x) \cdot y(x) \cdot y'(x),$$

die sich als monoton erweist wegen

$$\begin{aligned} v'(x) &= y(x) \frac{d}{dx} [p(x) y'(x)] + p(x) [y'(x)]^2 \\ &= p(x) [y'(x)]^2 - P(x) [y(x)]^2 \geqq 0. \end{aligned}$$

Auf ähnlichem Wege, d.h. durch Betrachtung der Hilfsfunktion

$$\varphi(x) = y^2 + \frac{1}{p P} (p y')^2,$$

beweist man

II) Sonin-Pólyascher Satz. *Ist in einem gewissen Intervall* $[a,b]$ *das Produkt* $p(x) P(x)$ *eine monotone Funktion von* x, *dann ist auch die Folge*

$$|y(x_1)|, \quad |y(x_2)|, \quad |y(x_3)|, \quad \ldots, \tag{1.7.10}$$

wo $x_1, x_2, \ldots$ *die sukzessiven Extrema (Maxima und Minima) irgendeiner Lösung* $y(x)$ *von* (1.7.8) *aus* $[a,b]$ *bezeichnen, monoton. Genauer: Wenn das Produkt* $p(x) P(x)$ *wächst, nimmt die Folge* (1.7.10) *ab und umgekehrt.*

Weitere Sätze dieser Art sind die folgenden[1]:

III) *Unter derselben Voraussetzung wie beim Sonin-Pólyaschen Satz ist auch die Folge*

$$[p(x_n) P(x_n)]^{\frac{1}{2}} \cdot |y(x_n)|, \qquad n = 1, 2, 3, \ldots \tag{1.7.11}$$

monoton. Wächst $p(x) P(x)$, *so auch die Folge in* (1.7.11). *Analoges gilt im Fall, daß* $p(x) P(x)$ *abnimmt.*

IV) *Ist für* $x > a$ *die Funktion* $P(x)$ *positiv und strebt die Funktion*

$$\omega(x) = \frac{1}{2} p(x) \frac{d}{dx} \left\{ [p(x) P(x)]^{-\frac{1}{2}} \right\} \tag{1.7.12}$$

[1] Darüber siehe z.B. Tricomi [6].

für $x \to +\infty$ *monoton gegen Null, so kann man zu jeder Lösung* $y(x)$ *von* (1.7.8) *eine Konstante* k *so finden, daß gilt*

$$[p(x_n)\,P(x_n)]^{\frac{1}{4}} \cdot |y(x_n)| = k + O[\omega(x_n)], \qquad n \to \infty. \tag{1.7.13}$$

Über die *Nullstellen* einer Lösung einer linearen Differentialgleichung zweiter Ordnung hat man die folgenden einfachen Sätze:

V) *Alle Nullstellen sind einfach, d.h. aus* $y(x_0) = 0$ *folgt* $y'(x_0) \neq 0$.

VI) *Ist* $y_1(x_0) = 0$, *dann haben sämtliche in* x_0 *verschwindenden Lösungen der Differentialgleichung die Form* $y(x) = c\,y_1(x)$, *wo* c *eine willkürliche Konstante bedeutet.*

Der wichtigste Satz über die Nullstellen einer Lösung einer Differentialgleichung der Form (1.7.8) aber ist der folgende berühmte

VII) Vergleichssatz von STURM. *Es seien zwei Differentialgleichungen (mit dem gleichen* p*)*

$$\frac{d}{dx}\left[p(x)\frac{dy_1}{dx}\right] + P_1(x)\,y_1 = 0, \qquad \frac{d}{dx}\left[p(x)\frac{dy_2}{dx}\right] + P_2(x)\,y_2(x) = 0 \tag{1.7.14}$$

gegeben und es mögen a *und* b *zwei aufeinanderfolgende Nullstellen einer Lösung* $y_1(x)$ *der ersten Gleichung bezeichnen. Gilt in* $[a,b]$ *immer*

$$P_1(x) \leqq P_2(x),$$

so besitzt eine beliebige Lösung y_2 *der zweiten Gleichung wenigstens eine Nullstelle im Innern des Intervalls* (a,b).

Der Beweis hiervon beruht auf den Identitäten

$$[P_2(x) - P_1(x)]\,y_1(x)\,y_2(x) = \frac{d}{dx}\left[p(x)\left(y_2\frac{dy_1}{dx} - y_1\frac{dy_2}{dx}\right)\right] \tag{1.7.15}$$

sowie

$$\int_a^b [P_2(x) - P_1(x)]\,y_1(x)\,y_2(x)\,dx = p(b)\,y_2(b)\,y_1'(b) - p(a)\,y_2(a)\,y_1'(a)$$

und wird *indirekt* geführt.

Da oben der Fall $P_1(x) \equiv P_2(x)$ nicht ausgeschlossen ist, hat man insbesondere:

VIII) *Zwischen zwei aufeinanderfolgenden Nullstellen einer Lösung* y_1 *einer Differentialgleichung der Form* (1.7.8) *liegt stets eine und nur eine Nullstelle einer beliebigen, von* y_1 *linear unabhängigen Lösung derselben Gleichung.* (Nur eine, weil diesmal die zwei Gleichungen ihre Rolle tauschen dürfen.)

Ist insbesondere die Differentialgleichung

$$\frac{d^2y}{dx^2} + Q(x)\,y = 0 \tag{1.7.16}$$

vorgelegt[1] und betrachtet man lediglich ein Teil der x-Achse, für den

$$m^2 \leqq Q(x) \leqq M^2 \tag{1.7.17}$$

gilt, wo m und M positive Konstanten bezeichnen, so kann man im Sinne des Sturmschen Satzes die gegebene Differentialgleichung (1.7.16) mit den folgenden beiden Differentialgleichungen mit konstanten Koeffizienten

$$\frac{d^2y}{dx^2} + m^2\,y = 0, \qquad \frac{d^2y}{dx^2} + M^2\,y = 0 \tag{1.7.18}$$

vergleichen, deren Integration ohne weiteres möglich ist. Da zwei aufeinanderfolgende Nullstellen einer Lösung der Gleichungen (1.7.18) die konstante Entfernung π/m bzw. π/M haben, so ergibt sich das wichtige Resultat: Bezeichnet man mit δ die (nicht notwendig konstante) Entfernung zweier aufeinanderfolgender Nullstellen einer Lösung von (1.7.16), so muß δ der Ungleichung

$$\frac{\pi}{M} \leqq \delta \leqq \frac{\pi}{m} \tag{1.7.19}$$

genügen.

Als Beispiel wollen wir die sehr wichtige *Besselsche Differentialgleichung*

$$\frac{d}{dx}\left(x\,\frac{dy}{dx}\right) + \left(x - \frac{\nu^2}{x}\right)y = 0 \tag{1.7.20}$$

betrachten, wo ν eine Konstante bezeichnet. Durch die Substitution

$$y = \frac{z}{\sqrt{x}}$$

geht (1.7.20) in die reduzierte Form

$$\frac{d^2z}{dx^2} + \left(1 + \frac{\frac{1}{4} - \nu^2}{x^2}\right)z = 0 \tag{1.7.21}$$

[1] Es kann gezeigt werden, daß es stets möglich ist, eine Gleichung der Gestalt (1.7.8) auf die Form (1.7.16) zu reduzieren.

über. Es ist also $Q(x) = 1 + \frac{\frac{1}{4} - \nu^2}{x^2}$. Es sind nun die Fälle $\nu^2 > 1/4$ und $\nu^2 < 1/4$ zu unterscheiden[1].

Wird außerdem $x \geqq \eta$ vorausgesetzt, wo η für eine beliebige positive Konstante stehen möge, so ergibt sich

$$m = \left(1 - \frac{\nu^2 - \frac{1}{4}}{\eta^2}\right)^{\frac{1}{2}}, \qquad M = 1, \qquad \nu^2 > \frac{1}{4}$$

$$m = 1, \qquad M = \left(1 + \frac{\frac{1}{4} - \nu^2}{\eta^2}\right)^{\frac{1}{2}}, \qquad \nu^2 < \frac{1}{4}.$$

Vermöge (1.7.19) erhält man hiermit Schranken für den Abstand δ zweier aufeinanderfolgender Nullstellen einer *Zylinderfunktion*.[2] Insbesondere sieht man, daß δ für die Nullstellen rechts von $x = \eta$ für $\eta \to +\infty$ gegen π strebt. (Im Spezialfall $\nu^2 = 1/4$ ist $\delta = \pi$). Wir werden später auf die Besselsche Differentialgleichung zurückkommen.

1.8 Zurückführung einer linearen Differentialgleichung auf eine Volterrasche Integralgleichung

Der Einfachheit halber wollen wir uns hier auf homogene lineare Differentialgleichung zweiter Ordnung beschränken, die sich – die Koeffizienten entzweispaltend – auf unendlich viele Weisen auf die Form

$$y'' + p(x)\, y' + q(x)\, y = A(x)\, y'' + B(x)\, y' + C(x)\, y \tag{1.8.1}$$

bringen läßt. Dies zeigt die Anpassungsfähigkeit der hier geschilderten Methode. Um sie anwenden zu können, ist es jedoch erforderlich, daß man die *verkürzte Gleichung*:

$$y'' + p(x)\, y' + q(x)\, y = 0 \tag{1.8.2}$$

---

[1] Ist $\nu^2 = 1/4$, d.h. $\nu = \pm \frac{1}{2}$, so ist (1.7.20) elementar integrierbar. Man erhält die beiden elementaren Lösungen

$$y_1 = \frac{\sin x}{\sqrt{x}} \quad \text{und} \quad y_2 = \frac{\cos x}{\sqrt{x}} \quad \text{(siehe Abschn. 1.12).}$$

[2] So nennt man die Lösungen der Besselschen Differentialgleichung.

in dem Sinne beherrscht, daß zwei linear unabhängige partikuläre Lösungen

$$F_1(x) \quad \text{und} \quad F_2(x),$$

deren Wronskische Determinante

$$W(x) = \begin{vmatrix} F_1(x) & F_2(x) \\ F_1'(x) & F_2'(x) \end{vmatrix} \neq 0 \tag{1.8.3}$$

ist, als „bekannt" betrachtet werden können. Außerdem ist es nützlich, aber keineswegs nötig, daß man die Koeffizienten A, B und C als „klein" (in einem später zu präzisierenden Sinne) voraussetzen darf.

Die Integrationsmethode, die wir hier entwickeln wollen[1], besteht darin, daß die gegebene Gleichung (1.8.1) formal als unverkürzte lineare Differentialgleichung betrachtet wird, auf die man dann die Lagrangesche Methode der Variation der Konstanten anwendet. Man versucht also, die Differentialgleichung durch einen Ausdruck der Form

$$y(x) = c_1(x)\, F_1(x) + c_2(x)\, F_2(x) \tag{1.8.4}$$

zu befriedigen, wobei die unbekannten Funktionen $c_1(x)$ und $c_2(x)$ der Beziehung

$$c_1'(x)\, F_1(x) + c_2'(x)\, F_2(x) = 0 \tag{1.8.5}$$

genügen. Mit einfachen Rechnungen ergeben sich die Gleichungen für die Funktionen $c_1(x)$ und $c_2(x)$:

$$\left.\begin{aligned} c_1'(x) &= -F_2(x)\,[G_1(x)\, c_1(x) + G_2(x)\, c_2(x)] \\ c_2'(x) &= F_1(x)\,[G_1(x)\, c_1(x) + G_2(x)\, c_2(x)] \end{aligned}\right\}. \tag{1.8.6}$$

Zur Abkürzung wurde hier

$$G_h(x) = \frac{A(x)\, F_h''(x) + B(x)\, F_h'(x) + C(x)\, F_h(x)}{[1 - A(x)]\, W(x)}, \quad (h = 1, 2) \tag{1.8.7}$$

eingeführt.

Statt der Differentialgleichungen (1.8.6) können wir das System der beiden Volterraschen Integralgleichungen

[1] In den Arbeiten und Büchern von TRICOMI wird diese Methode als *Fubinische Methode* bezeichnet – zu Ehren von GUIDO FUBINI (1879–1943), der sie öfter in einer reduzierten Form ($A = B = 0$) benutzt hat. In Wirklichkeit geht diese reduzierte Methode auf LIOUVILLE und STEKLOV zurück, während ihre allgemeine Form vielleicht zum erstenmal in einer Arbeit von TRICOMI (1947) erscheint.

$$\left.\begin{aligned} c_1(x) &= \gamma_1 - \int_{x_0}^{x} F_2(\xi)\,[G_1(\xi)\,c_1(\xi) + G_2(\xi)\,c_2(\xi)]\,d\xi \\ c_2(x) &= \gamma_2 + \int_{x_0}^{x} F_1(\xi)\,[G_1(\xi)\,c_1(\xi) + G_2(\xi)\,c_2(\xi)]\,d\xi \end{aligned}\right\} \qquad (1.8.8)$$

betrachten, wobei x_0 einen festen Wert von x bezeichne und für $h=1,2$, $\gamma_h = c_h(x_0)$ gesetzt wurde.

Es gibt mehrere Wege zur Behandlung dieses Systems. Am einfachsten ist vielleicht der Ansatz

$$G_1(x)\,c_1(x) + G_2(x)\,c_2(x) = \gamma_1\varphi_1(x) + \gamma_2\varphi_2(x),$$

wo $\varphi_1(x)$ und $\varphi_2(x)$ zwei weitere unbekannte Funktionen sind. So ergeben sich die zwei *getrennten* Integralgleichungen

$$\varphi_h(x) - \int_{x_0}^{x} K(x,\xi)\,\varphi_h(\xi)\,d\xi = G_h(x), \qquad h=1,2 \qquad (1.8.9)$$

mit dem Kern

$$K(x,\xi) = \begin{vmatrix} F_1(\xi) & F_2(\xi) \\ G_1(x) & G_2(x) \end{vmatrix}, \qquad (1.8.10)$$

die u. a. den Vorteil aufweisen, die manchmal schwer zu bestimmenden Konstanten γ_1 und γ_2 nicht zu enthalten. Die Lösung von (1.8.9) wird bekanntlich[1] unter sehr schwachen zusätzlichen Bedingungen durch die klassische Formel

$$\varphi_h(x) = G_h(x) + \int_{x_0}^{x} [K(x,\xi) + K_2(x,\xi) + K_3(x,\xi) + \cdots]\,G_h(\xi)\,d\xi, \qquad h=1,2 \qquad (1.8.11)$$

gegeben, wo $K_2, K_3, \ldots$ die durch die Rekursionsformel

$$K_{n+1}(x,\xi) = \int_{x_0}^{x} K(x,\eta)\,K_n(\eta,\xi)\,d\eta, \qquad n=1,2,\ldots \qquad (1.8.12)$$

definierten *iterierten Kerne* von $K(x,\xi)$ sind und die Reihe im Integranden absolut und gleichmäßig konvergiert. Hieraus folgert man, daß die allgemeine Lösung der ursprünglichen Gleichung (1.8.1) durch die Formel

$$y(x) = \gamma_1 Y_1(x) + \gamma_2 Y_2(x) \qquad (1.8.13)$$

---

[1] Siehe z. B. TRICOMI [5].

gegeben wird, wo

$$Y_h(x) = F_h(x) + \int_{x_0}^{x} L(x, \xi)\, \varphi_h(\xi)\, d\xi, \qquad h = 1, 2 \tag{1.8.14}$$

mit

$$L(x, \xi) = \begin{vmatrix} F_1(\xi) & F_2(\xi) \\ F_1(x) & F_2(x) \end{vmatrix}$$

gesetzt wurde und γ_1, γ_2 als willkürliche Konstanten betrachtet werden können. Soll aber y nicht die allgemeine Lösung der Gleichung (1.8.1), sondern eine (durch gewisse Nebenbedingungen) festgelegte Lösung derselben sein, so hat man γ_1 und γ_2 entsprechend zu bestimmen, was manchmal gewisse Schwierigkeiten macht.

Wie man sieht, werden bei dem angegebenen Verfahren keinerlei Annahmen bzgl. der „Kleinheit" der Koeffizienten $A(x)$, $B(x)$ und $C(x)$ gemacht. Sind aber die Koeffizienten tatsächlich im unten präzisierten Sinne „klein", so erhöht sich die Nützlichkeit der Methode, weil dann die Größenordnungen der iterierten Kerne $K_2, K_3, \ldots$ rasch abnehmen. Insbesondere, wenn die Koeffizienten der gegebenen Differentialgleichung einen bestimmtem Parameter μ enthalten und wenn für $\mu \to \infty$ gleichmäßig in Bezug auf x

$$A(x) = O(\mu^{-r}), \qquad B(x) = O(\mu^{-r}), \qquad C(x) = O(\mu^{-r}) \tag{1.8.15}$$

gilt, wobei r eine positive Zahl bezeichne, so ergibt sich der Reihe nach

$$G_h(x) = O(\mu^{-r}), \quad h = 1, 2, \qquad K(x, \xi) = O(\mu^{-r})$$

$$K_2(x, \xi) = O(\mu^{-2r}), \qquad K_3(x, \xi) = O(\mu^{-3r}), \qquad \ldots$$

Man kann daher aus der Lösungsformel (1.8.11) eine Vielzahl von asymptotischen Darstellungen der Integrale $Y_h(x)$, $h = 1, 2$, für $\mu \to \infty$ gewinnen. Man hat nämlich

$$\left.\begin{aligned} &Y_h(x) = F_h(x) + O(\mu^{-r}) \\ &Y_h(x) = F_h(x) + \int_{x_0}^{x} L(x, \xi)\, G_h(\xi)\, d\xi + O(\mu^{-2r}) \\ &Y_h(x) = F_h(x) + \int_{x_0}^{x} L(x, \xi) \left[G_h(\xi) + \int_{x_0}^{\xi} K(\xi, \eta)\, G_h(\eta)\, d\eta\right] d\xi \\ &\qquad + O(\mu^{-3r}) \\ &\ldots\ldots\ldots\ldots\ldots\ldots\ldots\ldots\ldots\ldots\ldots\ldots \end{aligned}\right\}. \tag{1.8.16}$$

Diese sukzessiven asymptotischen Darstellungen sind häufig von großer Bedeutung.

Als Beispiel betrachten wir die *Gleichung der Laguerreschen Polynome*

$$x y'' + (\alpha + 1 - x) y' + n y = 0, \qquad n \geqq 0, \text{ ganz}, \tag{1.8.17}$$

wobei α eine Konstante größer als -1 ist. (Auf diese Gleichung wollen wir später in Abschn. 1.11 zurückkommen.) Durch die Transformation

$$y = e^{\frac{x}{2}} z, \qquad n + \frac{\alpha + 1}{2} = n_1, \qquad x = \frac{t}{n_1}$$

ergibt sich die neue Gleichung

$$t \frac{d^2 z}{d t^2} + (1 + \alpha) \frac{d z}{d t} + z = \frac{t}{4 n_1^2} z, \tag{1.8.18}$$

welche gut mit Hilfe der obigen Methode behandelt werden kann, da der Koeffizient auf der rechten Seite für $n \to \infty$ die Ordnung $O(n^{-2})$ hat und weil sich die verkürzte Gleichung

$$t \frac{d^2 z}{d t^2} + (1 + \alpha) \frac{d z}{d t} + z = 0 \tag{1.8.19}$$

auf die Besselsche Differentialgleichung mit $\nu = \alpha$ reduziert. Auch unabhängig davon sieht man (etwa mit Hilfe der Methode der unbestimmten Koeffizienten), daß die ganze Funktion (siehe Abschn. 1.12)

$$E_\alpha(t) = \sum_{n=0}^{\infty} \frac{(-1)^n}{\Gamma(\alpha + n + 1)} \frac{t^n}{n!}, \tag{1.8.20}$$

welche manchmal auf die Funktion $J_\alpha(x)$ vorzuziehen ist, eine Lösung von (1.8.19) ist. Aus der ersten der in (1.8.16) angegebenen asymptotischen Darstellungen ergibt sich somit, daß die gegebene Differentialgleichung (1.8.17) Lösungen besitzt, welche die asymptotische Darstellung

$$y(x) = \gamma_1 e^{\frac{x}{2}} [E_\alpha(n_1 x) + O(n^{-2})] \tag{1.8.21}$$

für $n \to \infty$ zulassen. Wird noch

$$\gamma_1 = n_1^\alpha$$

gesetzt, dann erweisen sich diese Lösungen als die Laguerreschen Polynome $L_n^{(\alpha)}(x)$, von denen später (in Abschn. 1.11) kurz die Rede sein wird.

1.9 Differentialgleichungen der Fuchsschen Klasse

In den Anwendungen liegen meistens analytische Differentialgleichungen vor. Insbesondere haben die meisten linearen Differentialgleichungen

$$y^{(n)} + A_1(x)\, y^{(n-1)} + \cdots + A_n(x)\, y = 0 \qquad (1.9.1)$$

von praktischem Interesse *analytische* Koeffizienten $A_k(x)$, $k=1, 2, \ldots, n$, d.h. Koeffizienten, die in der Umgebung eines ihrer *regulären* Punkte x_0 durch eine Potenzreihe der Gestalt

$$A_k(x) = \sum_{m=0}^{\infty} a_m^{(k)} (x-x_0)^m, \qquad k=1, 2, \ldots, n \qquad (1.9.2)$$

darstellbar sind.

Trifft dies bei $x=x_0$ für alle Koeffizienten der Differentialgleichung zu, so läßt sich zeigen, daß auch alle möglichen Lösungen derselben in einer Umgebung von x_0 reguläre analytische Funktionen sind, d.h. daß auch sie durch Potenzreihen der Gestalt (1.9.2) darstellbar sind. Ist aber mindestens einer der Koeffizienten bei x_0 singulär, dann sind auch die Integrale der Gleichung (1.9.1) im allgemeinen singuläre, eventuell sogar nicht mehr eindeutige Funktionen von x. Diese *a priori* sehr schwerwiegende Komplikation läßt sich aber in folgendem Sinne stark abschwächen: Die Mehrdeutigkeiten der in Frage kommenden Lösungen lassen sich in einfachen Faktoren oder Summanden, welche man explizit bestimmen kann, konzentrieren.

Betrachten wir (der Einfachheit halber) den Fall $n=2$. Ist x_0 eine isolierte Singularität von mindestens einem der beiden Koeffizienten $A_1(x)$, $A_2(x)$, so läßt sich eine algebraische Gleichung zweiten Grades angeben, die von grundlegender Bedeutung für das hier zu behandelnde Problem ist. Nämlich: Hat diese Gleichung zwei verschiedene Wurzeln λ_1 und λ_2, dann besitzt die Differentialgleichung zwei linear unabhängige Lösungen der Form

$$y_1 = (x-x_0)^{r_1}\, \varphi_1(x), \qquad y_2(x) = (x-x_0)^{r_2}\, \varphi_2(x), \qquad (1.9.3)$$

wo

$$r_h = \frac{1}{2\pi i} \log \lambda_h, \qquad h=1, 2 \qquad (1.9.4)$$

und $\varphi_1(x)$ sowie $\varphi_2(x)$ zwei *eindeutige* analytische Funktionen von x sind; im Fall $\lambda_1=\lambda_2$ dagegen ist die eine Lösung y_1 der Gleichung immer noch von der Gestalt (1.9.3), während die andere jetzt die Form

$$y_2(x) = y_1(x)\,[A \log(x - x_0) + \psi(x)] \tag{1.9.5}$$

annimmt, wo A eine passende Konstante und $\psi(x)$ eine weitere eindeutige Funktion von x bedeuten.

Selbstverständlich soll hier „*eindeutig* analytisch" nicht gleichbedeutend mit „*regulär*" sein; vielmehr wird es im allgemeinen so sein, daß φ_1, φ_2 und ψ in x_0 sogar eine wesentliche Singularität besitzen. Liegt dort jedoch lediglich ein Pol vor – was ohne Zweifel einen viel einfacheren Fall darstellt – so nennt man x_0 eine *außerwesentlich singuläre Stelle,* oder eine *Fuchssche singuläre Stelle* oder eine *Stelle der Bestimmtheit* der gegebenen Differentialgleichung. L. Fuchs (1833–1902) bewies nämlich folgenden allgemeinen Satz, der eine notwendige und hinreichende Bedingung dafür liefert, daß keine wesentlichen Singularitäten in Formeln des Typus (1.9.3) oder (1.9.4) auftreten:

Satz von Fuchs. *Dann und nur dann ist eine isolierte Singularität der Koeffizienten der linearen Differentialgleichung* (1.9.1) *eine außerwesentliche Singularität der Lösungen derselben, wenn diese Stelle für den k-ten Koeffizienten $A_k(x)$ höchstens ein Pol der Ordnung k ist.*

Um die Notwendigkeit der angegebenen Bedingungen zu zeigen, benutzt man die einfachen Formeln, welche die Koeffizienten einer linearen Differentialgleichung liefern, wenn n linear unabhängige Lösungen derselben bekannt sind. Um nachzuweisen, daß die Fuchsschen Bedingungen auch hinreichend sind, setzt man voraus, daß sie gelten, d.h. daß man

$$A_k(x) = (x - x_0)^{-k}\,[a_0^{(k)} + a_1^{(k)}(x - x_0) + a_2^{(k)}(x - x_0)^2 + \cdots],$$
$$k = 1, 2, \ldots, n$$

setzen darf. Nun versucht man (mit Hilfe einer Varianten der Methode der unbestimmten Koeffizienten), die Differentialgleichung durch eine Reihe der Form

$$y(x) = (x - x_0)^r \sum_{n=0}^{\infty} c_n x^n \tag{1.9.6}$$

zu befriedigen. Wenn das gelingt, ist die Darstellung einer Lösung durch einen Ausdruck vom Typus (1.9.3) realisiert. Wird (1.9.6) in die Differentialgleichung eingesetzt, so ergibt sich (neben einer

Formel für die rekursive Berechnung der Koeffizienten c_n) eine algebraische Gleichung n-ten Grades, welcher r genügen muß, nämlich

$$r(r-1)\cdots(r-n+1)+\sum_{k=1}^{n-1} a_0^{(k)}\cdot r(r-1)\cdots(r-n+k+1)+a_0^{(n)}=0. \quad (1.9.7)$$

Diese Gleichung, die von grundlegender Wichtigkeit für das Problem ist, heißt *determinierende Grundgleichung* der Fuchsschen singulären Stelle $x=x_0$. Falls sie lauter verschiedene Wurzeln $r_1, r_2, \ldots, r_n$ besitzt und falls für $h \neq k$ keine der Differenzen $r_h - r_k$ eine ganze Zahl ist[1], so erhält man n linear unabhängige Lösungen der Form (1.9.3) für die gegebene Differentialgleichung. Ist dagegen irgendeine der Differenzen $r_h - r_k$ ganzzahlig, dann kommen noch Lösungen der Form (1.9.5) hinzu, und man spricht daher vom *logarithmischen Fall.*

In diesen Betrachtungen ist die Annahme enthalten, daß der Punkt x_0 im Endlichen liegt. Trifft dies nicht zu, so hat man ihn zunächst ins Endliche (z. B.: in den Nullpunkt) zu bringen, und zwar mit Hilfe der Transformation

$$x=\frac{1}{\xi}. \quad (1.9.8)$$

Im Fall $n=2$ geht die gegebene Differentialgleichung vermöge (1.9.8) über in

$$\frac{d^2 y}{d\xi^2}+\left(\frac{2}{\xi}-\frac{A_1}{\xi^2}\right)\frac{dy}{d\xi}+\frac{A_2}{\xi^4}y=0. \quad (1.9.9)$$

Das zeigt: Falls die Koeffizienten A_1 und A_2 im Unendlichen nicht in geeigneter Weise verschwinden, so ist der Nullpunkt keine Fuchssche singuläre Stelle der transformierten Gleichung (1.9.9). Wenn jedoch im Unendlichen A_1 eine Nullstelle wenigstens erster Ordnung und A_2 eine solche wenigstens zweiter Ordnung besitzen, dann haben die Koeffizienten von $dy/d\xi$ und y (in (1.9.9)) Pole höchstens erster bzw. zweiter Ordnung bei $\xi=0$; somit ist dann dieser Punkt eine Fuchssche singuläre Stelle der Differentialgleichung.

Im allgemeinen Fall lautet also die entsprechende Bedingung: Der k-te Koeffizient $A_k(x)$ der Gleichung (1.9.1) soll im Unendlichen mindestens eine Nullstelle von der Ordnung k besitzen.

[1] Es sei bemerkt, daß gemäß Formel (1.9.4), die auch $\lambda_h = e^{2\pi i r_h}$ geschrieben werden kann, einem Paar r_h, r_k mit ganzzahliger Differenz, nur ein Wert $\lambda_h = \lambda_k$ entspricht.

Eine lineare Differentialgleichung mit analytischen Koeffizienten (wie etwa (1.9.1)) gehört zur *Fuchsschen Klasse*, wenn ihre *sämtlichen* singulären Stellen (einschließlich des Punktes Unendlich) Fuchssche singuläre Stellen sind.

Es ist leicht, diese Klasse von Differentialgleichungen vollständig zu charakterisieren. Nehmen wir der Einfachheit halber an, daß $n=2$ gilt. Die sicher nur in endlicher Anzahl[1] vorhandenen Fuchsschen singulären Stellen seien die $k+1$ Punkte

$$\alpha_1, \alpha_2, \ldots, \alpha_k, \infty. \tag{1.9.10}$$

Weil die analytischen Funktionen $A_1(x)$ und $A_2(x)$ lediglich eine endliche Anzahl von Polen besitzen, sind sie notwendig *rationale* Funktionen von x. Da sie aber in den Punkten $\alpha_1, \ldots, \alpha_k$ Pole von höchstens erster bzw. zweiter Ordnung aufweisen und im Unendlichen eine Nullstelle von mindestens erster bzw. zweiter Ordnung besitzen sollen, müssen sie die Form

$$A_1(x) = \frac{Q_{k-1}(x)}{P_k(x)}, \qquad A_2(x) = \frac{R_{2k-2}(x)}{[P_k(x)]^2} \tag{1.9.11}$$

haben, wo P_k das Polynom k-ten Grades

$$P_k(x) = (x-\alpha_1)(x-\alpha_2)\cdots(x-\alpha_k) \tag{1.9.12}$$

und Q_k sowie R_{2k-2} Polynome, deren Grad höchstens gleich $k-1$ bzw. $2k-2$ ist, bezeichnen. Zu jeder der $k+1$ singulären Stellen (1.9.10) gehört eine determinierende Gleichung der Gestalt (1.9.7) (mit $n=2$), deren Wurzeln *charakteristische Exponenten* der entsprechenden singulären Stelle genannt werden. Selbstverständlich sind für den Punkt $x=\infty$ die charakteristischen Exponenten $r_1^{(\infty)}$ und $r_2^{(\infty)}$ diejenigen der singulären Stelle $\xi=0$ der Differentialgleichung (1.9.9).

Es ist nun bemerkenswert, daß die Summe aller charakteristischen Exponenten *a priori* bestimmt werden kann. In leichtverständlichen Bezeichnungen hat man

$$\sum_{m=1}^{k} (r_1^{(m)} + r_2^{(m)}) + r_1^{(\infty)} + r_2^{(\infty)} = k-1. \tag{1.9.13}$$

Dies folgt ohne Schwierigkeit aus dem bekannten Satz, daß die Summe aller Residuen einer rationalen Funktion gleich Null ist.

---

[1] Sonst hätten diese Punkte wenigstens eine Häufungsstelle, die weder ein Pol der Koeffizienten noch eine Fuchssche singuläre Stelle der Differentialgleichung sein könnte.

Die einfachste Differentialgleichung zweiter Ordnung der Fuchsschen Klasse entspricht dem Fall $k=1$. Sie hat die Form

$$\frac{d^2y}{dx^2}+\frac{a}{x-\alpha_1}\cdot\frac{dy}{dx}+\frac{b}{(x-\alpha_1)^2}y=0, \tag{1.9.14}$$

wobei a und b zwei Konstanten bedeuten. Diese Differentialgleichung ist nicht weiter interessant, weil sie elementar integrierbar ist. Ihre allgemeine Lösung lautet nämlich

$$y(x)=c_1(x-\alpha_1)^{r_1}+c_2(x-\alpha_1)^{r_2}, \tag{1.9.15}$$

wo r_1 und r_2 die zwei charakteristischen Exponenten von α_1 bezeichnen (es sei $r_1 \neq r_2$).

Der Fall $k=2$ hingegen ist von großem Interesse. Er wird uns in Abschn. 1.10 beschäftigen.

1.10 Die Gaußsche hypergeometrische Differentialgleichung

Wie wir oben gesehen haben, läßt sich eine Differentialgleichung der Fuchsschen Klasse mit den drei singulären Stellen $\alpha_1, \alpha_2, \infty$ in der Form

$$\frac{d^2y}{dx^2}+\frac{h_1x+h_2}{(x-\alpha_1)(x-\alpha_2)}\cdot\frac{dy}{dx}+\frac{k_1x^2+k_2x+k_3}{(x-\alpha_1)^2(x-\alpha_2)^2}y=0 \tag{1.10.1}$$

schreiben. Zerlegt man die Koeffizienten von dy/dx und y in Partialbrüche, so kann man statt (1.10.1) auch

$$\frac{d^2y}{dx^2}+\left(\frac{A_1}{x-\alpha_1}+\frac{A_2}{x-\alpha_2}\right)\frac{dy}{dx}$$
$$+\frac{1}{(x-\alpha_1)(x-\alpha_2)}\left(\frac{A_1'}{x-\alpha_1}+\frac{A_2'}{x-\alpha_2}+k_1\right)y=0 \tag{1.10.2}$$

schreiben. An Stelle der fünf Konstanten $A_1, A_2, A_1', A_2', k_1$ benutzt man häufig auch die sechs charakteristischen Exponenten α, α'; β, β'; γ, γ' der drei singulären Stellen $\alpha_1, \alpha_2, \infty$. Sie sind durch die Gleichung (1.9.13) miteinander verknüpft, die hier

$$\alpha+\alpha'+\beta+\beta'+\gamma+\gamma'=1 \tag{1.10.3}$$

lautet. Weil die determinierende Gleichung der Punkte α_h, $h=1, 2$

$$r(r-1)+A_h r+\frac{A_h'}{\alpha_h-\alpha_k}=0, \qquad k \neq h$$

ist und sich diejenige für den Punkt ∞

$$r(r-1)-(A_1+A_2)r+k_1=0$$

ist, erhält man die Beziehungen

$$\alpha+\alpha'=1-A_1, \qquad \alpha\alpha'=\frac{A_1'}{\alpha_1-\alpha_2}, \qquad \beta+\beta'=1-A_2, \qquad \beta\beta'=\frac{A_2'}{\alpha_2-\alpha_1},$$
$$\gamma\gamma'=k_1.$$

Setzt man nun noch, wie allgemein üblich,

$$\alpha_1=0, \qquad \alpha_2=1,$$

so geht die Grundgleichung (1.10.1) schließlich über in

$$x(1-x)\frac{d^2y}{dx^2}+[(1-\alpha-\alpha')(1-x)-(1-\beta-\beta')x]\frac{dy}{dx}$$
$$+\left(\frac{\alpha\alpha'}{x}+\frac{\beta\beta'}{1-x}-\gamma\gamma'\right)y=0. \qquad (1.10.4)$$

Die Differentialgleichung (1.10.4) kann durch die Substitution

$$y=x^{\alpha}(I-x)^{\beta}z,$$

welche die charakteristischen Exponenten α und β auf Null reduziert, noch beträchtlich vereinfacht werden. Die neue Gleichung ist wieder vom Typus (1.10.4), jedoch treten in ihr die Glieder

$$\frac{\alpha\alpha'}{x} \quad \text{und} \quad \frac{\beta\beta'}{1-x}$$

nicht mehr auf. Setzt man nun noch traditionsgemäß

$$\alpha+\beta+\gamma=a, \qquad \alpha+\beta+\gamma'=b, \qquad 1+\alpha-\alpha'=c, \qquad (1.10.5)$$

so lautet die Gleichung jetzt

$$x(1-x)\frac{d^2z}{dx^2}+[c-(a+b+1)x]\frac{dz}{dx}-abz=0. \qquad (1.10.6)$$

Dies ist nun die berühmte *hypergeometrische Differentialgleichung von* Gauss, die auch von Euler sowie von Riemann, Klein usw. untersucht wurde. Heute ist sie von großer Wichtigkeit für die transsonische Gasdynamik geworden (siehe § 4).

Es ist sehr vorteilhaft, ein besonderes Symbol für ihre allgemeine Lösung einzuführen. Riemann verwendet dafür das Symbol

$$\mathfrak{P}\begin{Bmatrix} 0 & 1 & \infty & \\ \alpha & \beta & \gamma & x \\ \alpha' & \beta' & \gamma' & \end{Bmatrix}. \qquad (1.10.7)$$

Meistens ist es jedoch bequemer, das einfachere Symbol

$$\mathfrak{F}(a, b; c; x) \tag{1.10.8}$$

zu verwenden, und das werden wir hier tun. Zum Beispiel kann man damit die Beziehungen zwischen den Gleichungen (1.10.4) und (1.10.6) wie folgt ausdrücken:

$$y(x) = x^{\alpha}(1-x)^{\beta}\,\mathfrak{F}(a, b; c; x), \tag{1.10.9}$$

vorausgesetzt, daß die *Parameter* a, b, c mit Hilfe der Formeln (1.10.5) berechnet wurden. Da die charakteristischen Exponenten der singulären Stellen $0, 1, \infty$ der Gleichung (1.10.6) diejenigen der singulären Stellen von (1.10.4) sind, lediglich vermindert um α, β bzw. $-(\alpha+\beta)$, ist die Matrix der charakteristischen Exponenten der Gaußschen Gleichung (1.10.6) offenbar

$$\left\{\begin{matrix} 0 & 0 & \alpha+\beta+\gamma \\ \alpha'-\alpha & \beta'-\beta & \alpha+\beta+\gamma' \end{matrix}\right\} = \left\{\begin{matrix} 0 & 0 & a \\ 1-c & c-a-b & b \end{matrix}\right\}.$$

Infolgedessen kann man *von vornherein* sicher sein, daß die Gaußsche Gleichung (1.10.6) (in der wir die unbekannte Funktion wieder mit y statt mit z bezeichnen wollen) sechs partikuläre Lösungen von folgender Gestalt

$$\left.\begin{aligned} & y_1(x) = P_1(x), \quad y_2(x) = x^{1-c} P_2(x), \quad y_3(x) = P_3(1-x) \\ & y_4(x) = (1-x)^{c-a-b} P_4(1-x), \quad y_5(x) = \frac{1}{x^a} P_5\left(\frac{1}{x}\right), \\ & y_6(x) = \frac{1}{x^b} P_6\left(\frac{1}{x}\right) \end{aligned}\right\} \tag{1.10.10}$$

besitzt, wobei $P_1, P_2, \ldots, P_6$ Potenzreihen in den jeweiligen Argumenten bezeichnen. Die Konvergenzradien dieser Reihen (die durch die Lage der nächstgelegenen singulären Stelle bestimmt werden) sind alle gleich *Eins*.

Die erste dieser Potenzreihen, P_1, bekommt man leicht mit Hilfe der Methode der unbestimmten Koeffizienten, welche, *solange c keine nichtpositive ganze Zahl ist*, zur klassischen *Gaußschen hypergeometrischen Reihe*

$$F(a, b; c; x) = \sum_{n=1}^{\infty} \frac{(a)_n (b)_n}{(c)_n} \frac{x^n}{n!} \tag{1.10.11}$$

führt. Dabei wurde

$$(\alpha)_n = \frac{\Gamma(\alpha+n)}{\Gamma(\alpha)} = \begin{cases} \alpha(\alpha+1)\cdots(\alpha+n-1), & n \geqq 1 \\ 1, & n = 0 \end{cases} \tag{1.10.12}$$

gesetzt. Es ist aber zweckmäßig zu verabreden, daß das Symbol $F(a, b; c; x)$ nicht bloß die Reihe (1.10.11) bezeichnen soll, sondern die analytische Funktion, welche durch analytische Fortsetzung dieser Reihe entsteht.

Diese Funktion hat mehrere bemerkenswerte Sonderfälle. Wegen

$$\frac{(a)_n}{n!} = \frac{(-1)^n}{n!}(-a)(-a-1)\cdots(-a-n+1) = (-1)^n\binom{-a}{n}$$

hat man insbesondere

$$F(a, b; b; x) = \frac{1}{(1-x)^a}. \tag{1.10.13}$$

Ferner findet man

$$\left.\begin{aligned} F(1, \ 1; \ 2; \ x) &= -\frac{1}{x}\log(1-x) \\ F\left(\frac{1}{2}, \ \frac{1}{2}; \ \frac{3}{2}; \ x^2\right) &= \frac{1}{x}\arcsin x \\ F\left(\frac{1}{2}, \ 1; \ \frac{3}{2}; \ -x^2\right) &= \frac{1}{x}\operatorname{arc\,tg} x \end{aligned}\right\}. \tag{1.10.14}$$

Diese Gleichungen wären sämtlich nicht ganz korrekt, wenn das Symbol F lediglich die hypergeometrische *Reihe* darstellen würde.

Man kann die zweite Reihe P_2, die in den Formeln (1.10.10) vorkommt, fast ohne Rechnung bestimmen, wenn man sich überlegt, daß im Riemannschen Symbol (1.10.7) α und α' (wie auch β und β' oder γ und γ') vertauscht werden können. Es ist also

$$x^\alpha(1-x)^\beta \mathfrak{F}(a, b; c; x) = x^{\alpha'}(1-x)^\beta \mathfrak{F}(a', b'; c'; x),$$

wenn a', b', c' die neuen Werte der drei Parameter nach Vertauschen von α und α' bezeichnen:

$$a' = a - c + 1, \quad b' = b - c + 1, \quad c' = 2 - c.$$

Daraus ergibt sich die wichtige Beziehung

$$\mathfrak{F}(a, b; c; x) = x^{1-c}\mathfrak{F}(a-c+1, b-c+1; 2-c; x), \tag{1.10.15}$$

aus der man sofort entnehmen kann, daß notwendig

$$y_2(x) = x^{1-c} F(a-c+1, b-c+1; 2-c; x)$$

ist. Da dieses Integral, *solange c nicht ganzzahlig ist*, sicher von y_1 linear unabhängig ist, darf man schließen, daß *die allgemeine Lösung der Gaußschen Gleichung* (1.10.6) – *unter obiger Einschränkung* –

$$\mathfrak{F}(a, b; c; x) = A F(a, b; c; x) + B x^{1-c} F(a-c+1, b-c+1; 2-c; x) \qquad (1.10.16)$$

lautet, wo A und B zwei willkürliche Konstanten bedeuten.

Wir haben vorhin erwähnt, daß man in (1.10.7) auch β mit β' oder γ mit γ' vertauschen kann. Die Vertauschung von γ und γ' läßt keine bemerkenswerten Folgerungen zu (außer der fast trivialen Tatsache, daß die ganze Theorie der Gaußschen Differentialgleichung in a und b symmetrisch ist). Die Vertauschung von β und β' hingegen führt mit ähnlichen Rechnungen wie oben zu der wichtigen Beziehung

$$\mathfrak{F}(a, b; c; x) = (1-x)^{c-a-b} \mathfrak{F}(c-a, c-b; c; x), \qquad (1.10.17)$$

aus der sich insbesondere die wichtige *Selbsttransformationsformel* der hypergeometrischen Funktion

$$F(a, b; c; x) = (1-x)^{c-a-b} F(c-a, c-b; c; x) \qquad (1.10.18)$$

ergibt.

Eine weitere wichtige Eigenschaft der Gaußschen hypergeometrischen Differentialgleichung ist ihr kovarianter Charakter in Bezug auf projektive Transformationen der unabhängigen Veränderlichen. In dieser Hinsicht sind besonders interessant die Transformationen der sogenannten *anharmonischen Gruppe*, welche die drei Punkte 0, 1, ∞ ineinander überführen. Es handelt sich um die von den beiden Transformationen

$$\mathfrak{A} \equiv [x_1 = 1 - x], \qquad \mathfrak{B} \equiv \left[x_1 = \frac{1}{x}\right]$$

erzeugte Gruppe, welche außer der Identität noch die fünf weiteren Transformationen

$$\mathfrak{A},\ \mathfrak{B},\ \mathfrak{C} = \mathfrak{B}\mathfrak{A} \equiv \left[x_1 = \frac{1}{1-x}\right], \qquad \mathfrak{D} = \mathfrak{A}\mathfrak{B} \equiv \left[x_1 = \frac{x-1}{x}\right],$$

$$\mathfrak{E} = \mathfrak{A}\mathfrak{B}\mathfrak{A} \equiv \left[x_1 = \frac{x}{x-1}\right]$$

enthält. Sie wirken auf die drei Punkte 0, 1, ∞ in folgender Weise:

$$\mathfrak{A}\begin{pmatrix}0 & 1 & \infty\\ 1 & 0 & \infty\end{pmatrix},\quad \mathfrak{B}\begin{pmatrix}0 & 1 & \infty\\ \infty & 1 & 0\end{pmatrix},\quad \mathfrak{C}\begin{pmatrix}0 & 1 & \infty\\ 1 & \infty & 0\end{pmatrix},\quad \mathfrak{D}\begin{pmatrix}0 & 1 & \infty\\ \infty & 0 & 1\end{pmatrix},$$

$$\mathfrak{E}\begin{pmatrix}0 & 1 & \infty\\ 0 & \infty & 1\end{pmatrix}.$$

Im Fall der Transformation $\mathfrak{E}$, welche zum einfachsten Endresultat führt, hat man

$$\mathfrak{P}\begin{Bmatrix}0 & 1 & \infty & \\ \alpha & \beta & \gamma & x\\ \alpha' & \beta' & \gamma' & \end{Bmatrix} = \mathfrak{P}\begin{Bmatrix}0 & \infty & 1 & \\ \alpha & \beta & \gamma & \frac{x}{x-1}\\ \alpha' & \beta' & \gamma' & \end{Bmatrix} = \mathfrak{P}\begin{Bmatrix}0 & 1 & \infty & \\ \alpha & \gamma & \beta & \frac{x}{x-1}\\ \alpha' & \gamma' & \beta' & \end{Bmatrix}.$$

Infolgedessen ergibt sich, wenn man

$$a^* = \alpha + \gamma + \beta = a, \qquad b^* = \alpha + \gamma + \beta' = c - b, \qquad c^* = 1 + \alpha - \alpha' = c$$

setzt, aus der Gleichung (1.10.9):

$$x^{\alpha}(1-x)^{\beta}\,\mathfrak{F}(a,b;c;x) = \left(\frac{x}{x-1}\right)^{\alpha}\left(\frac{1}{1-x}\right)^{\gamma}\mathfrak{F}\left(a^*, b^*; c^*; \frac{x}{x-1}\right).$$

Hieraus folgt nach einigen Vereinfachungen unter Berücksichtigung der Tatsache, daß man vor dem Symbol $\mathfrak{F}$ stehende konstante Faktoren ersichtlich weglassen kann,

$$\mathfrak{F}(a,b;c;x) = (1-x)^{-a}\,\mathfrak{F}\left(a, c-b; c; \frac{x}{x-1}\right). \qquad (1.10.19)$$

Identifiziert man hier auf der linken Seite $\mathfrak{F}$ mit F, so zeigt das Verhalten für $x\to 0$, daß auch auf der rechten Seite $\mathfrak{F} = F$ gesetzt werden muß. So bekommt man die wichtige Beziehung

$$\begin{aligned} F(a,b;c;x) &= \frac{1}{(1-x)^a}\,F\left(a, c-b; c; \frac{x}{x-1}\right)\\ &= \frac{1}{(1-x)^b}\,F\left(c-a, b; c; \frac{x}{x-1}\right). \qquad (1.10.20)\end{aligned}$$

Durch Anwendung der Transformationen $\mathfrak{A}$, $\mathfrak{B}$, $\mathfrak{C}$ und $\mathfrak{D}$ ergeben sich Beziehungen, die der Form (1.10.19) entsprechen, und zwar

$$\left.\begin{aligned}\mathfrak{F}(a,b;c;x) &= \mathfrak{F}(a,b;\,a+b-c+1;\,1-x) &&(\mathfrak{A})\\ &= \frac{1}{x^a}\,\mathfrak{F}\left(a,\,a-c+1;\,a-b+1;\,\frac{1}{x}\right) &&(\mathfrak{B})\\ &= \frac{1}{(1-x)^a}\,\mathfrak{F}\left(a,\,c-b;\,a-b+1;\,\frac{1}{1-x}\right) &&(\mathfrak{C})\\ &= \frac{1}{x^a}\,\mathfrak{F}\left(a,\,a-c+1;\,a+b-c+1;\,\frac{x-1}{x}\right) &&(\mathfrak{D})\end{aligned}\right\}. \tag{1.10.21}$$

Ähnlich gelangt man zu Beziehungen, die dem in (1.10.20) gegebenen Resultat entsprechen. Jedoch werden diesmal die Formeln etwas komplizierter, da die transformierte Veränderliche für $x\to 0$ nicht gegen Null strebt. Dementsprechend hat man auf der rechten Seite jetzt jeweils zwei Glieder an Stelle eines einzigen. Setzt man zur Abkürzung

$$\Gamma_1 = \frac{\Gamma(c)\,\Gamma(c-a-b)}{\Gamma(c-a)\,\Gamma(c-b)},\qquad \Gamma_2 = \frac{\Gamma(c)\,\Gamma(a+b-c)}{\Gamma(a)\cdot\Gamma(b)},\qquad \Gamma_3 = \frac{\Gamma(c)\,\Gamma(b-a)}{\Gamma(c-a)\,\Gamma(b)},$$

$$\Gamma_4 = \frac{\Gamma(c)\,\Gamma(a-b)}{\Gamma(a)\,\Gamma(c-b)}$$

so erhält man

$$\left.\begin{aligned}F(a,b;c;x) &= \Gamma_1 F(a,b;\,a+b-c+1;\,1-x)\\ &\quad+\Gamma_2(1-x)^{c-a-b}\\ &\quad\cdot F(c-a,\,c-b;\,c-a-b+1;\,1-x)\\ &= \Gamma_3\frac{1}{(1-x)^a}F\left(a,\,c-b;\,a-b+1;\,\frac{1}{1-x}\right)\\ &\quad+\Gamma_4\frac{1}{(1-x)^b}F\left(c-a,\,b;\,b-a+1;\,\frac{1}{1-x}\right)\\ &= \Gamma_1\frac{1}{x^a}F\left(a,\,a-c+1;\,a+b-c+1;\,\frac{x-1}{x}\right)\\ &\quad+\Gamma_2 x^{a-c}(1-x)^{c-a-b}\\ &\quad\cdot F\left(c-a,\,1-a;\,c-a-b+1;\,\frac{x-1}{x}\right)\\ &= \Gamma_3\frac{1}{(-x)^a}F\left(a,\,a-c+1;\,a-b+1;\,\frac{1}{x}\right)\\ &\quad+\Gamma_4\frac{1}{(-x)^b}F\left(b-c+1,\,b;\,b-a+1;\,\frac{1}{x}\right)\end{aligned}\right\}. \tag{1.10.22}$$

Diese Formeln werden – zusammen mit denen in (1.10.20) – die *Formeln von* BOLZA genannt. Sie bilden das Kernstück der Theorie der Gaußschen hypergeometrischen Funktionen. U.a. liefern sie einige der möglichen analytischen Fortsetzungen der hypergeometrischen Reihe über den Einheitskreis hinaus, weil die Konvergenz-

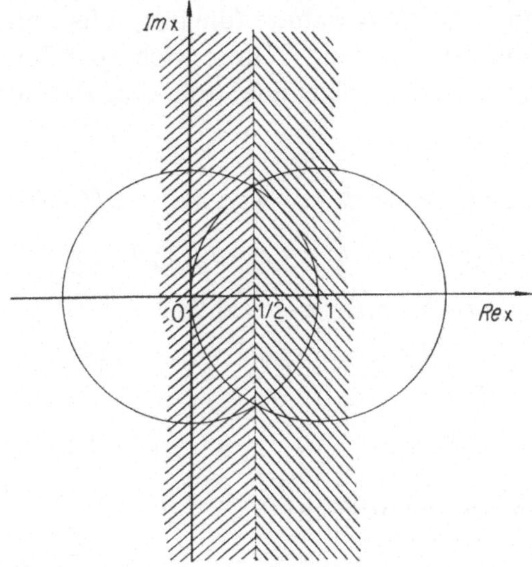

Abb.14. Konvergenzbereiche von verschiedenen hypergeometrischen Reihen

bereiche der Reihen auf der rechten Seite entweder eine der beiden Halbebenen

$$\Re x > \frac{1}{2}, \qquad \Re x < \frac{1}{2}$$

oder einer der Kreisbereiche

$$|1-x|<1, \qquad |x|>1, \qquad |1-x|>1$$

sind (siehe Abb. 14).

Die Formel (1.10.16) sowie die Formeln von BOLZA (1.10.20) und (1.10.22), liefern 12 verschiedene partikuläre Lösungen der Gaußschen Gleichung. Mit Hilfe der Selbsttransformationsformel (1.10.18) kann man diese Zahl auf 24 erhöhen. Man erhält sogar 48 partikuläre Lösungen, wenn man noch die Symmetrie in a und b ausnutzt. Es erübrigt sich, hier alle diese sogenannten *Kummerschen Integrale* der hypergeometrischen Differentialgleichung anzugeben, weil der Leser sie sich, wenn erforderlich, selbst mühelos herleiten kann. Ebenso liegt es nicht in unserer Absicht, die zahlreichen Beziehungen zwischen diesen Integralen aufzuführen, da je drei von ihnen (wovon zwei linear unabhängig) linear abhängig sind.

Mit den 48 Kummerschen Integralen kann man die allgemeine Lösung der Gaußschen Gleichung in vielen verschiedenen Formen angeben. Die in (1.10.16) erwähnte (die gilt, falls c nicht ganzzahlig ist) gehört zu den wichtigsten. Weitere wichtigen Formen der allgemeinen Lösung sind die folgenden (mit Angabe der Gültigkeitsbedingungen)

$$\left.\begin{aligned}\mathfrak{F}(a,b;c;x) &= A\,F(a,b;a+b-c+1;1-x)+B(1-x)^{c-a-b}\\ &\quad\cdot F(c-a,c-b;c-a-b+1;1-x),\\ &\quad c-a-b \quad \text{nicht ganzzahlig;}\\ \mathfrak{F}(a,b;c;x) &= A\frac{1}{x^a}F\left(a,a-c+1;a-b+1;\frac{1}{x}\right)\\ &\quad + B\frac{1}{x^b}F\left(b-c+1;b;b-a+1;\frac{1}{x}\right),\\ &\quad a-b \quad \text{nicht ganzzahlig.}\end{aligned}\right\}. \tag{1.10.23}$$

Sind dagegen die Konstanten a, b, c so beschaffen, daß die in (1.10.16) bzw. (1.10.23) angegebenen Gültigkeitsbedingungen sämtlich nicht erfüllt sind, so muß man das allgemeine Verfahren des logarithmischen Falles (Abschn. 1.9) verwenden.

Ein weiteres Merkmal der Theorie der hypergeometrischen Funktionen ist ihr Zusammenhang mit gewissen bestimmten Integralen, die als *hypergeometrische Integrale* bekannt sind. Wir wollen uns darauf beschränken, die Hauptformel anzugeben, welche diesen Zusammenhang ausdrückt, nämlich

$$\int_0^1 \frac{t^{a-1}(1-t)^{c-a-1}}{(1-xt)^b}\,dt = \frac{\Gamma(a)\,\Gamma(c-a)}{\Gamma(c)}\cdot F(a,b;c;x), \qquad \Re\mathrm{e}\, c > \Re\mathrm{e}\, a > 0. \tag{1.10.24}$$

Diese Beziehung wird bewiesen durch Reihenentwicklung nach Potenzen der Potenz von $1-xt$ unter dem Integralzeichen. Aus der Gleichung (1.10.24) läßt sich der Wert von $F(a, b; c; 1)$ ermitteln zu

$$F(a, b; c; 1) = \frac{\Gamma(c)\,\Gamma(c-a-b)}{\Gamma(c-a)\,\Gamma(c-b)}, \qquad \Re\mathrm{e}\,(c-a-b) > 0.^{1} \tag{1.10.25}$$

Wenn die drei Parameter a, b, c besonderen Einschränkungen unterworfen werden, so gelangt man zu speziellen Familien von hypergeometrischen Funktionen, die manchmal von Bedeutung sind.

Ist z.B. mindestens eine der Zahlen a, b negativ und ganzzahlig, etwa gleich $-n$, dann bricht die hypergeometrische Reihe (1.10.11) nach dem n-ten Glied ab und es entsteht ein Polynom, das in engem Zusammenhang mit den sogenannten *Jacobischen Polynomen* steht.

Ein weiterer wichtiger Fall ist derjenige, in dem

$$2c = a + b + 1 \tag{1.10.26}$$

gilt oder andere damit äquivalente Beziehungen zwischen den Parametern (z.B. $c = 1/2$) bestehen. Es entstehen im wesentlichen die sogenannten *Kugelfunktionen* oder *Legendreschen Funktionen*. Hierbei läßt die Gaußsche Gleichung nicht nur projektive Transformationen (die uns zu den Formeln von Bolza führten) zu, sondern auch *quadratische*, von denen die folgende als Beispiel diene:

$$\mathfrak{F}\left(a, b; \frac{a+b+1}{2}; \frac{1 \pm x}{2}\right) = \mathfrak{F}\left(\frac{a}{2}, \frac{b}{2}; \frac{1}{2}; x^2\right). \tag{1.10.27}$$

In diesem Fall kann die Grundgleichung übrigens in die Gestalt der (verallgemeinerten) *Legendreschen Gleichung*

$$(1-x^2)\frac{d^2y}{dx^2} - 2x\frac{dy}{dx} + \left[\nu(\nu+1) - \frac{\mu^2}{1-x^2}\right]y = 0 \tag{1.10.28}$$

gebracht werden, wo μ und ν zwei Konstanten bezeichnen. Genauer gilt: Wird mit $\mathfrak{L}(\mu, \nu; x)$ die allgemeine Lösung der Legendreschen Gleichung (1.10.28) bezeichnet und

$$a + b - \frac{1}{2} = \mu, \qquad -a + b - \frac{1}{2} = \nu \tag{1.10.29}$$

gesetzt, so besteht der wichtige Zusammenhang

$$\mathfrak{F}\left(a, b; \frac{1}{2}; x^2\right) = (1-x^2)^{-\frac{\mu}{2}}\,\mathfrak{L}(\mu, \nu; x). \tag{1.10.30}$$

[1] Ist dagegen $\Re\mathrm{e}\,(c-a-b) < 0$, so strebt $F(a, b; c; x)$ für $x \to 1$ nicht nach einem endlichen Grenzwert. Der Fall $\Re\mathrm{e}\,(c-a-b) = 0$ verlangt eine besondere Diskussion.

Bezeichnet n eine natürliche Zahl, so reduziert sich (1.10.28) im Fall $\mu = 0$, $\nu = n$ auf die bekannte Gleichung der Legendreschen Polynome.

1.11 Die konfluente hypergeometrische Differentialgleichung

Häufiger noch als die Gaußschen hypergeometrischen Funktionen trifft man in den Anwendungen die *konfluenten hypergeometrischen Funktionen* an, d. h. die Lösungen der *konfluenten hypergeometrischen Differentialgleichung*

$$x \frac{d^2 y}{d x^2} + (c - x) \frac{d y}{d x} - a y = 0, \qquad (1.11.1)$$

welche entsteht, wenn zwei der singulären Stellen der Gaußschen Gleichung im Unendlichen „zusammenfließen". Setzt man nämlich in der Gaußschen Gleichung $x = t/b$ (wodurch sie die drei singulären Stellen 0, b, ∞ bekommt) und läßt in der transformierten Gleichung:

$$t\left(1 - \frac{t}{b}\right) \frac{d^2 y}{d t^2} + \left[c - \left(1 + \frac{a+1}{b}\right) t\right] \frac{d y}{d t} - a y = 0$$

$b \to \infty$ streben, so ergibt sich die obige Differentialgleichung (1.11.1) mit t an Stelle von x.

Die Gleichung (1.11.1) unterscheidet sich nicht wesentlich von der Laguerreschen Gleichung (1.8.17), auf welche sie sich für $c = \alpha + 1$, $a = -n$ reduziert.

In der Literatur findet man unter dem Namen „konfluente Differentialgleichung" oder „Whittakersche Differentialgleichung" auch noch eine andere Differentialgleichung, nämlich

$$\frac{d^2 z}{d x^2} + \left(-\frac{1}{4} + \frac{\varkappa}{x} + \frac{\frac{1}{4} - \mu^2}{x^2}\right) z = 0, \qquad (1.11.2)$$

welche durch die Transformation

$$z = x^{\mu + \frac{1}{2}} e^{-\frac{x}{2}} y, \quad \mu - \varkappa + \frac{1}{2} = a, \quad 2\mu + 1 = c$$

auf (1.11.1) reduziert werden kann. Diese Gleichung hat aber die unangenehme Eigenschaft, daß ihre *beiden* Grundlösungen (welche mit $M_{\varkappa,\mu}$ bzw. $W_{\varkappa,\mu}$ bezeichnet werden) mehrdeutige Funktionen von x sind, während (1.11.1) eine Grundlösung besitzt, die eine eindeutige, ja sogar eine *ganze* Funktion von x ist.

Diese ganze Lösung von (1.11.1) kann in bekannter Weise mittels der Methode der unbestimmten Koeffizienten gefunden werden, welche *unter der Annahme, daß c keine nichtpositive ganze Zahl ist,* auf die einfache Reihe

$$\sum_{n=0}^{\infty} \frac{(a)_n}{(c)_n} \frac{x^n}{n!}$$

mit unendlichem Konvergenzradius führt, wobei die Abkürzung (1.10.12) benutzt wurde.

Die von dieser Reihe dargestellte ganze Funktion wird die *Kummersche Funktion* genannt und häufig mit dem Symbol

$${}_1F_1(a; c; x)$$

bezeichnet, was gerechtfertigt erscheint, wenn diese Reihe im Rahmen der *allgemeinen hypergeometrischen Reihen* ${}_pF_q$ behandelt wird. Ist dies aber, wie hier, nicht der Fall, dann ist das ebenfalls oft benutzte Symbol

$$\Phi(a, c; x) = \sum_{n=0}^{\infty} \frac{(a)_n}{(c)_n} \frac{x^n}{n!} \tag{1.11.3}$$

viel bequemer. Von ihm werde im folgenden Gebrauch gemacht. Man kann zeigen, daß

$$\Phi(a, c; x) = \lim_{b \to \infty} F\left(a, b; c; \frac{x}{b}\right) \tag{1.11.4}$$

gilt, was manche Eigenschaften der Kummerschen Funktion Φ als Grenzfälle entsprechender Eigenschaften der Gaußschen Funktion F erscheinen läßt.

In dem wichtigen Sonderfall $a = c$ ergibt sich

$$\Phi(a, a; x) = e^x. \tag{1.11.5}$$

Ein anderer wichtiger Spezialfall ist $a = -n$ (n ganz). Dabei reduziert sich die Differentialgleichung (1.11.1) auf die Differentialgleichung der Laguerreschen Polynome (1.8.17). Somit ergibt sich dann für die Lösung Φ die Beziehung

$$L_n^{(\alpha)}(x) = \binom{\alpha + n}{n} \Phi(-n, \alpha + 1; x). \tag{1.11.6}$$

Gleichung (1.11.1) hat bei $x=0$ eine Fuchssche singuläre Stelle und im Unendlichen eine nicht-Fuchssche, d.h. eine wesentlich singuläre Stelle. Die determinierende Gleichung für die Stelle $x=0$ lautet

$$r^2+(c-1)\,r=0.$$

Sie hat die beiden Wurzeln $r_1=0$, $r_2=1-c$. Dies liegt die Transformation

$$y=x^{1-c}\,z$$

nahe, die die gegebene Differentialgleichung in die Differentialgleichung

$$x\frac{d^2z}{dx^2}+[(2-c)-x]\frac{dz}{dx}-(a-c+1)\,z=0$$

überführt. Letztere unterscheidet sich von (1.11.1) nur insofern, als a durch $a-c+1$ und c durch $2-c$ ersetzt wurden. Daraus ersieht man, daß die gegebene Gleichung die partikuläre Lösung

$$x^{1-c}\,\Phi(a-c+1,\,2-c;\,x)$$

zuläßt, die ersichtlich von $\Phi(a,c;x)$ linear unabhängig ist, *solange c nicht ganzzahlig ist.* Die allgemeine Lösung der konfluenten hypergeometrischen Differentialgleichung lautet also

$$\mathfrak{C}(a,b;x)=A\,\Phi(a,c;x)+B\,x^{1-c}\,\Phi(a-c+1,\,2-c;\,x), \tag{1.11.7}$$

wo A, B zwei willkürliche Konstanten bedeuten und c keine ganze Zahl ist.

Wichtig ist ferner die Transformation

$$y=e^x\,z,$$

welche zur Gleichung

$$x\frac{d^2z}{dx^2}+(c+x)\frac{dz}{dx}+(c-a)\,z=0 \tag{1.11.8}$$

führt. Zu ihr gelangt man auch, wenn man in der konfluenten hypergeometrischen Differentialgleichung (1.11.1) x durch $-x$ und a durch $c-a$ ersetzt. Man erhält so die wichtige *Kummersche Beziehung*

$$\Phi(a,c;x)=e^x\,\Phi(c-a,\,c;\,-x). \tag{1.11.9}$$

Hier darf c keinen negativen ganzzahligen Wert annehmen. Dividiert man jedoch beide Seiten durch $\Gamma(c)$ und setzt

$$\frac{1}{\Gamma(c)}\,\Phi(a, c; x) = \Phi^*(a, c; x), \tag{1.11.10}$$

dann ist die modifizierte Beziehung

$$\Phi^*(a, c; x) = e^x\,\Phi^*(c-a, c; -x) \tag{1.11.11}$$

uneingeschränkt gültig, weil die *modifizierte Funktion* Φ^* auch für $c = -n$ (n natürliche Zahl) einen Sinn hat. Es gilt nämlich

$$\lim_{c\to -n} \Phi^*(a, c; x) = \frac{(a)_{n+1}\,x^{n+1}}{n!}\,\Phi(a+n+1, n+1; x). \tag{1.11.12}$$

Ähnliche Überlegungen sind auch in anderen Fällen nützlich.

Wird die *Laplace-Transformation* im Zusammenhang mit der konfluenten hypergeometrischen Differentialgleichung angewendet so findet man u.a. eine wichtige *Integraldarstellung der Φ-Funktion*, nämlich

$$\Phi(a, c; x) = \frac{\Gamma(c)}{\Gamma(a)\,\Gamma(c-a)}\int_0^1 e^{xt}\,t^{a-1}(1-t)^{c-a-1}\,dt, \quad \Re c > \Re a > 0. \tag{1.11.13}$$

Man kann diese Beziehung durch Potenzreihenentwicklung von e^{xt} und gliedweise Integration sehr schnell verifizieren.

Die Methode der Laplace-Transformation legt die Vermutung nahe, daß es weitere Integraldarstellungen vom Typ (1.11.13) (bei denen sich jedoch die Integration bis ins Unendliche erstreckt) gibt, und zwar auch für andere partikuläre Lösungen der Differentialgleichung (1.11.1). In der Tat findet man, daß die konfluente Gleichung auch folgende, von TRICOMI stammende Grundlösung:

$$\Psi(a, c; x) = \frac{1}{\Gamma(a)}\int_0^\infty e^{-xt}\,t^{a-1}(1+t)^{c-a-1}\,dt, \qquad \Re a > 0, \tag{1.11.14}$$

besitzt, welche sich, obwohl keine eindeutige Funktion von x, jedoch manchmal als sehr nützlich erweist. Insbesondere gestattet es die allgemeine Lösung der konfluenten Gleichung in der neuen Form

$$\mathfrak{C}(a, c; x) = A\,\Phi^*(a, c; x) + B\,\Psi(a, c; x) \tag{1.11.15}$$

zu schreiben, die gültig ist, *solange a keine nichtpositive ganze Zahl ist.*

Ist c nicht ganzzahlig, dann muß Ψ natürlich eine Darstellung der Form (1.11.7) besitzen. Es ergibt sich

$$\Psi(a, c, x) = \frac{\Gamma(1-c)}{\Gamma(a-c+1)} \Phi(a, c; x) + \frac{\Gamma(c-1)}{\Gamma(a)} x^{1-c} \Phi(a-c+1, 2-c; x). \tag{1.11.16}$$

Rechnungen ähnlich jenen, die zur Kummerschen Beziehung (1.11.9) führten, zeigen, daß auch

$$e^x \Psi(c-a, c; -x)$$

eine partikuläre Lösung der konfluenten Gleichung ist. Wir erhalten so eine weitere Darstellung der allgemeinen Lösung, nämlich

$$\mathfrak{C}(a, c; x) = A\,\Psi(a, c; x) + B\,e^x\,\Psi(c-a, c; -x). \tag{1.11.17}$$

Sie ist zwar ohne Einschränkung gültig, läßt sich aber für reelle Werte von x wegen der Mehrdeutigkeit der Ψ-Funktion nicht sehr bequem anwenden.

Ersetzt man in (1.11.16) a und c durch $a-c+1$ bzw. $2-c$, so ergibt sich die wichtige Beziehung

$$\Psi(a-c+1, 2-c; x) = x^{c-1}\,\Psi(a, c; x), \tag{1.11.18}$$

welche etwa der Kummerschen Beziehung (1.11.9) für die Φ-Funktion entspricht.

Die bedeutendste Eigenschaft der Ψ-Funktion ist ihr einfaches asymptotisches Verhalten für $x \to \infty$, wohingegen dasjenige der Φ-Funktion kompliziert ist. Man geht von der Entwicklung

$$t^{a-1}(1+t)^{c-a-1} = \sum_{n=0}^{\infty} \binom{c-a-1}{n} t^{a+n-1}$$

aus. Vermöge bekannter Eigenschaften der LAPLACE-Transformation findet man, das im Winkelraum

$$|\arg x| \leqq \frac{\pi}{2} - \varepsilon, \qquad \varepsilon > 0,$$

die asymptotische Entwicklung (im Poincaréschen Sinn)

$$\Psi(a, c; x) \sim \frac{1}{x^a} \sum_{n=0}^{\infty} \frac{(a)_n\,(c-a-1)_n}{n!} \frac{1}{x^n} \tag{1.11.19}$$

gilt. Insbesondere hat man

$$\left.\begin{aligned} \Psi(a, c; x) &= \frac{1}{x^a}\left[1 + O\left(\frac{1}{x}\right)\right] \\ \Psi(a, c; x) &= \frac{1}{x^a}\left[1 + \frac{a(c-a-1)}{x} + O\left(\frac{1}{x^2}\right)\right] \\ &\dots\dots\dots\dots\dots\dots\dots\dots \end{aligned}\right\}. \tag{1.11.20}$$

Zuletzt soll noch eine Beziehung zwischen den Funktionen Φ und $M_{\varkappa,\mu}$ sowie Ψ und $W_{\varkappa,\mu}$ angegeben werden, wobei $M_{\varkappa,\mu}$ und $W_{\varkappa,\mu}$ früher als die beiden Grundlösungen der Whittakerschen Gleichung eingeführt wurden (siehe Anfang von Abschn. 1.11).

Mit den Bezeichnungen

$$a = \mu - \varkappa + \frac{1}{2}, \qquad c = 2\mu + 1$$

gilt

$$\left.\begin{aligned} M_{\varkappa,\mu}(x) &= x^{\mu+\frac{1}{2}} e^{-\frac{x}{2}} \Phi(a, c; x) \\ W_{\varkappa,\mu}(x) &= x^{\mu+\frac{1}{2}} e^{-\frac{x}{2}} \Psi(a, c; x) \end{aligned}\right\}. \tag{1.11.21}$$

1.12 Die Besselsche Differentialgleichung

Ist $c = 2a$, d.h. $\varkappa = 0$, dann kann die konfluente hypergeometrische Differentialgleichung auf die schon in Abschn. 1.7 behandelte Besselsche Differentialgleichung

$$\frac{d}{dx}\left(x\frac{dy}{dx}\right) + \left(x - \frac{\nu^2}{x}\right)y = 0 \tag{1.12.1}$$

zurückgeführt werden, deren Lösungen – *Zylinderfunktionen* genannt – im wesentlichen nichts anderes sind als die spezielle Familie von konfluenten hypergeometrischen Funktionen, bei welchen

$$a = \nu + \frac{1}{2}, \qquad c = 2\nu + 1 \tag{1.12.2}$$

ist. Die angegebene Zurückführung ist mit Hilfe der Transformation

$$y = e^{\frac{x}{2}} x^{-\nu} z, \qquad x = 2i\xi$$

möglich. Bezeichnet man die allgemeine Lösung der Besselschen Gleichung mit

$$Z_\nu(x),$$

so ist der genaue Zusammenhang mit der allgemeinen Lösung $\mathfrak{C}(a, c; x)$ der konfluenten Gleichung gegeben durch

$$Z_\nu(x) = x^\nu e^{-ix} \mathfrak{C}\left(\nu + \frac{1}{2}, 2\nu + 1; 2ix\right). \tag{1.12.3}$$

Die Zylinderfunktionen *erster Gattung* J_ν entsprechen den Φ-Lösungen der konfluenten Gleichung, denn es gilt

$$J_\nu(x) = \frac{1}{\Gamma(\nu+1)} \left(\frac{x}{2}\right)^\nu e^{-ix} \Phi\left(\nu + \frac{1}{2}, 2\nu + 1; 2ix\right). \tag{1.12.4}$$

Es werden aber auch Funktionen *zweiter Gattung* (oder Neumannsche Funktionen) und Funktionen *dritter Gattung* (oder Hankelsche Funktionen) betrachtet. Die letzteren stehen mit der Ψ-Funktion in einem ähnlichen Zusammenhang wie die Funktionen erster Gattung mit der Φ-Funktion. Man hat nämlich

$$\left.\begin{aligned} H_\nu^{(1)}(x) &= -\frac{2i}{\sqrt{\pi}} e^{(x-\nu\pi)i} (2x)^\nu \Psi\left(\nu + \frac{1}{2}, 2\nu + 1; -2ix\right) \\ H_\nu^{(2)}(x) &= \frac{2i}{\sqrt{\pi}} e^{-(x-\nu\pi)i} (2x)^\nu \Psi\left(\nu + \frac{1}{2}, 2\nu + 1; 2ix\right) \end{aligned}\right\}. \tag{1.12.5}$$

Somit sind diese beiden Funktionen, solange ν und x reell sind, zueinander konjugiert komplex.

Zwischen ihnen und der Funktion J_ν besteht die einfache Bezeichnung

$$J_\nu(x) = \frac{1}{2}\left[H_\nu^{(1)}(x) + H_\nu^{(2)}(x)\right]. \tag{1.12.6}$$

Die Funktion zweiter Gattung $N_\nu(x)$[1] wird dagegen durch

$$N_\nu(x) = \frac{1}{2i}\left[H_\nu^{(1)}(x) - H_\nu^{(2)}(x)\right] \tag{1.12.7}$$

definiert. Ist ν nicht ganzzahlig, so gilt

$$\sin\nu\pi \cdot N_\nu(x) = \cos\nu\pi J_\nu(x) - J_{-\nu}(x). \tag{1.12.8}$$

Die allgemeine Lösung der Besselschen Differentialgleichung wird im Fall, daß ν keine ganze Zahl ist, durch

$$Z_\nu(x) = A J_\nu(x) + B J_{-\nu}(x) \tag{1.12.9}$$

---

[1] Während die Bezeichnung J_ν für die Funktion erster Gattung allgemein üblich ist, bezeichnen viele Autoren die Funktion zweiter Gattung auch mit Y_ν statt mit N_ν.

gegeben, wobei natürlich A und B beliebige Konstanten bedeuten. Ist dagegen $\nu = n$ eine ganze Zahl, so zeigt (1.12.8), daß

$$J_{-n}(x) = (-1)^n J_n(x) \tag{1.12.10}$$

ist. Dann muß man als allgemeine Lösung

$$Z_\nu(x) = A\,J_\nu(x) + B\,N_\nu(x) \tag{1.12.11}$$

oder

$$Z_\nu(x) = A\,H_\nu^{(1)}(x) + B\,H_\nu^{(2)}(x) \tag{1.12.12}$$

wählen.

Die Zylinderfunktion J_ν ist mit der schon in Abschn. 1.8 eingeführten *eindeutigen Zylinderfunktion*:

$$E_\nu(\xi) = \sum_{n=0}^{\infty} \frac{(-1)^n}{\Gamma(\nu+n+1)} \frac{\xi^n}{n!} \tag{1.12.13}$$

durch die Beziehungen

$$J_\nu(x) = \left(\frac{x}{2}\right)^\nu E_\nu\left(\frac{x^2}{4}\right), \qquad E_\nu(\xi) = \xi^{-\frac{\nu}{2}} J_\nu\left(2\sqrt{\xi}\right) \tag{1.12.14}$$

verknüpft. Dementsprechend lautet die Potenzreihenentwicklung von J_ν um den Nullpunkt:

$$J_\nu(x) = \sum_{n=0}^{\infty} \frac{(-1)^n}{\Gamma(\nu+n+1)\,n!} \left(\frac{x}{2}\right)^{\nu+2n}. \tag{1.12.15}$$

Durch Differentiation der in (1.12.13) gegebenen Potenzreihen ergibt sich

$$E'_\nu(\xi) = -E_{\nu+1}(\xi) \tag{1.12.16}$$

und allgemein

$$E_\nu^{(n)}(\xi) = (-1)^n E_{\nu+n}(\xi). \tag{1.12.17}$$

Setzt man dies in die Differentialgleichung (1.8.19) ein, nämlich

$$\xi E''_\nu(\xi) + (1+\nu) E'_\nu(\xi) + E_\nu(\xi) = 0,$$

und nimmt $\nu + 1$ statt ν, so bekommt man die *Rekursionsformel* der E-Funktion:

$$\xi E_{\nu+1}(\xi) - \nu E_\nu(\xi) + E_{\nu-1}(\xi) = 0. \tag{1.12.18}$$

Die entsprechenden Beziehungen für die J-Funktion lauten

$$J'_\nu(x) = \frac{\nu}{x} J_\nu(x) - J_{\nu+1}(x) = -\frac{\nu}{x} J_\nu(x) + J_{\nu-1}(x) \tag{1.12.19}$$

bzw.

$$J_{\nu+1}(x) - \frac{2\nu}{x} J_\nu(x) + J_{\nu-1}(x) = 0. \tag{1.12.20}$$

Ähnliche Formeln gelten auch für die Funktionen zweiter und dritter Gattung.

Aus der asymptotischen Entwicklung (1.11.19) für die Ψ-Funktion folgen sofort ähnliche Entwicklungen für die Hankelschen Funktionen. Setzt man abkürzend

$$\left.\begin{aligned} &\frac{(4\nu^2-1^2)(4\nu^2-3^2)\cdots[4\nu^2-(2n-1)^2]}{2^{2n}\,n!} = (\nu, n) \\ &x - \frac{\nu\pi}{2} - \frac{\pi}{4} = \varphi, \end{aligned}\right\}, \tag{1.12.21}$$

so bekommt man die asymptotische Entwicklung

$$H_\nu^{(1)}(x) \sim \sqrt{\frac{2}{\pi x}}\, e^{i\varphi} \sum_{n=0}^{\infty} \frac{(\nu, n)}{(2ix)^n}, \quad x \to \infty. \tag{1.12.22}$$

Eine ähnliche Entwicklung gilt für $H_\nu^{(2)}(x)$, wobei überall $-i$ an die Stelle von i tritt.

Die entsprechenden Entwicklungen für J_ν und N_ν lauten (jeweils für $x \to \infty$)

$$\left.\begin{aligned} J_\nu(x) \sim \sqrt{\frac{2}{\pi x}} \Big[&\cos\varphi \sum_{m=0}^{\infty} (-1)^m \frac{(\nu, 2m)}{(2x)^{2m}} \\ &- \sin\varphi \sum_{m=0}^{\infty} (-1)^m \frac{(\nu, 2m+1)}{(2x)^{2m+1}}\Big] \\ N_\nu(x) \sim \sqrt{\frac{2}{\pi x}} \Big[&\sin\varphi \sum_{m=0}^{\infty} (-1)^m \frac{(\nu, 2m)}{(2x)^{2m}} \\ &+ \cos\varphi \sum_{m=0}^{\infty} (-1)^m \frac{(\nu, 2m+1)}{(2x)^{2m+1}}\Big] \end{aligned}\right\}. \tag{1.12.23}$$

Insbesondere hat man

$$\left.\begin{aligned} J_\nu(x) &= \sqrt{\frac{2}{\pi x}} \cos\left(x - \frac{\nu\pi}{2} - \frac{\pi}{4}\right) + O\left(x^{-\frac{3}{2}}\right) \\ N_\nu(x) &= \sqrt{\frac{2}{\pi x}} \sin\left(x - \frac{\nu\pi}{2} - \frac{\pi}{4}\right) + O\left(x^{-\frac{3}{2}}\right) \end{aligned}\right\}. \tag{1.12.24}$$

Diese Formeln werden in der Praxis häufig benutzt, weil sie, sobald x positiv und groß im Vergleich zu ν ist, eine gute Approximation der betreffenden Funktion liefern. Weiter bemerkt man, daß das qualitative Verhalten der Zylinderfunktion J_ν und N_ν für $x > 0$ nicht sehr stark von dem der elementaren Funktionen

$$\sqrt{\frac{2}{\pi x}}\sin x \quad \text{bzw.} \quad \sqrt{\frac{2}{\pi x}}\cos x \tag{1.12.25}$$

abweichen, auf welche sie sich für $\nu = 1/2$ reduzieren.

Für $x \to 0$ hat man dagegen

$$J_\nu(x) = \frac{x^\nu}{2^\nu \Gamma(\nu+1)}\left[1 + O(x^2)\right], \qquad \nu \neq -1, -2, \ldots \tag{1.12.26}$$

(Ist ν eine negative Zahl $-n$, so benutze man zunächst (1.12.10)).

Bei der Funktion der zweiten Gattung N_ν interessiert hauptsächlich ihr Verhalten für $x \to 0$, wenn $\nu = n$ eine positive ganze Zahl ist. In diesem Fall hat man

$$N_n(x) = \begin{cases} \dfrac{2}{\pi}\log x + O(1), & n = 0 \\ -\dfrac{2^n (n-1)!}{\pi}\,\dfrac{1}{x^n} + O\left(\dfrac{1}{x^{n-2}}\right), & n \geqq 1, \end{cases} \tag{1.12.27}$$

wobei zu bemerken ist, daß für $n = 1$ die Ordnung des Restgliedes nicht $O(x)$, sondern $O(x \log x)$ ist.

Die Zylinderfunktionen besitzen zahlreiche, zum Teil sehr wichtige *Integraldarstellungen.*

Zunächst haben wir fur die J-Funktion die sogenannte *Poissonsche Integraldarstellung*

$$J_\nu(x) = \frac{1}{\sqrt{\pi}\,\Gamma\left(\nu + \frac{1}{2}\right)}\left(\frac{x}{2}\right)^\nu \int_{-1}^{1} e^{ixz}(1-z^2)^{\nu-\frac{1}{2}}\,dz, \qquad \Re\,\nu > -\frac{1}{2}, \tag{1.12.28}$$

die der Integraldarstellung (1.11.13) für die Φ-Funktion entspricht. Für reelle ν und x kann (1.12.28) in der Form

$$J_\nu(x) = \frac{2}{\sqrt{\pi}\,\Gamma\left(\nu + \frac{1}{2}\right)}\left(\frac{x}{2}\right)^\nu \int_0^{\pi/2} \cos(x\cos\varphi)\sin^{2\nu}\varphi\,d\varphi \tag{1.12.29}$$

geschrieben werden.

Andere Integraldarstellungen sind an die Voraussetzung $\nu = n =$ ganze Zahl gebunden. So etwa die *Besselsche Integraldarstellung*

$$J_n(x) = \frac{1}{\pi} \int_0^\pi \cos(x \sin\varphi - n\varphi)\, d\varphi \tag{1.12.30}$$

und die *Hansensche Integraldarstellung*

$$J_n(x) = \frac{1}{\pi i^n} \int_0^\pi e^{ix\cos\varphi} \cos n\varphi\, d\varphi. \tag{1.12.31}$$

Diese Zylinderfunktionen von ganzer Ordnung haben manche besondere Eigenschaften, so etwa die Existenz einer *erzeugenden Funktion*:

$$\sum_{n=-\infty}^{+\infty} J_n(x)\, t^n = \exp\left[\frac{x}{2}\left(t - \frac{1}{t}\right)\right], \tag{1.12.32}$$

aus der für $t = e^{i\psi}$ die neue Formel

$$\sum_{n=-\infty}^{+\infty} J_n(x)\, e^{in\psi} = e^{ix\sin\psi} \tag{1.12.33}$$

hervorgeht.

Für viele Anwendungen sind die Nullstellen der Zylinderfunktionen wichtig, besonders die aufeinanderfolgenden positiven Nullstellen von $J_\nu(x)$, die mit

$$j_1^{(\nu)}, \quad j_2^{(\nu)}, \quad \ldots$$

bezeichnet seien. Sie sind tabelliert worden (siehe JAHNKE-EMDE-LÖSCH) und besitzen einfache asymptotische Eigenschaften. Für große Werte der Kennziffer m gilt die Formel von MACMAHON:

$$j_m^{(\nu)} = \beta - \frac{4\nu^2 - 1}{8\beta} + O\left(\frac{1}{\beta^3}\right), \quad \beta = \left(\nu - \frac{1}{2} + 2m\right)\frac{\pi}{2}. \tag{1.12.34}$$

Häufig ist die von TRICOMI herrührende asymptotische Abschätzung der ersten Nullstelle $j_1^{(\nu)}$ für große, positive Werte von ν sehr nützlich. Es gilt

$$j_1^{(\nu)} = \nu + 1{,}855757\, \nu^{\frac{1}{3}} + 1{,}03315\, \nu^{-\frac{1}{3}} + O\left(\frac{1}{\nu}\right). \tag{1.12.35}$$

Es sei ferner bemerkt, daß in manchen Anwendungen die *nichtoszillierenden* oder auch *modifizierten* Zylinderfunktionen

$$I_\nu(x) = e^{-\frac{\nu i\pi}{2}} J_\nu\left(e^{\frac{\pi i}{2}} x\right) = \left(\frac{x}{2}\right)^\nu E_\nu\left(-\frac{x^2}{4}\right) \tag{1.12.36}$$

vorkommen.

Zweites Kapitel

Partielle Differentialgleichungen vom hyperbolischen Typus

2.1 Allgemeine Bemerkungen

Die partiellen Differentialgleichungen, die in den Anwendungen auftreten, sind oft *linear* oder zumindest *quasilinear* (d.h. linear in den Ableitungen höchster Ordnung) wohl auch deswegen, weil vielfach Probleme so lange vereinfacht werden, bis solche Gleichungen für deren Behandlung ausreichen. In dem häufig anzutreffenden Fall, daß die unbekannte Funktion z von zwei unabhängigen Veränderlichen x und y abhängt, führt man häufig die Mongeschen Bezeichnungen

$$\frac{\partial z}{\partial x} = p, \quad \frac{\partial z}{\partial y} = q, \quad \frac{\partial^2 z}{\partial x^2} = r, \quad \frac{\partial^2 z}{\partial x\, \partial y} = s, \quad \frac{\partial^2 z}{\partial y^2} = t \tag{2.1.1}$$

ein. Damit läßt sich dann die quasilineare Differentialgleichung 2. Ordnung in der Form

$$A r + 2 B s + C t = f \tag{2.1.2}$$

schreiben, wo A, B, C und f im allgemeinen gegebene Funktionen von x, y, z, p und q sind. Nicht selten aber hängen die Koeffizienten A, B, C nur von x und y ab, d.h. man hat es mit einer Differentialgleichung der Form

$$A(x,y)\, r + 2B(x,y)\, s + C(x,y)\, t = f(x,y,z,p,q) \tag{2.1.3}$$

oder sogar mit einer linearen Differentialgleichung der Form

$$A(x,y)\, r + 2B(x,y)\, s + C(x,y)\, t + D(x,y)\, p + E(x,y)\, q$$
$$+ F(x,y)\, z = G(x,y) \tag{2.1.4}$$

zu tun.

Schon in den Anfängen der Theorie, als man stillschweigend die Koeffizienten ebenso wie die unbekannte Funktion als *analytisch* (d.h. in Potenzreihen entwickelbar) voraussetzte und Differentialgleichungen für reelle und komplexe Funktionen nicht unterschied, zeigte sich die Bedeutung des *Cauchyschen Problems* für die obigen

Differentialgleichungen. Geometrisch gesehen besteht dieses Problem darin, eine *Integralfläche der Gleichung*, d.h. eine Fläche, welche eine partikuläre Lösung $z(x, y)$ geometrisch darstellt, so zu finden, daß sie durch eine gegebene Kurve $\mathfrak{c}$ des (x, y, z)-Raumes verläuft und in den Punkten dieser Kurve vorgeschriebene Tangentialebenen hat. Mit anderen Worten, wenn die Projektion γ der Kurve $\mathfrak{c}$ in die (x, y)-Ebene die Parameterdarstellung

$$x = \alpha(\tau), \qquad y = \beta(\tau) \tag{2.1.5}$$

besitzt, so verlangt man, daß z, p, q auf γ vorgeschriebene Werte

$$z = \varphi(\tau), \qquad p = \psi(\tau), \qquad q = \chi(\tau) \tag{2.1.6}$$

annehmen, welche natürlich der *Streifenbedingung*

$$\frac{dz}{d\tau} = p\frac{dx}{d\tau} + q\frac{dy}{d\tau} \tag{2.1.7}$$

d.h.

$$\varphi'(\tau) = \psi(\tau)\,\alpha'(\tau) + \chi(\tau)\,\beta'(\tau) \tag{2.1.7'}$$

genügen sollen. Dies entspricht ersichtlich dem Problem, eine Integralkurve einer gewöhnlichen Differentialgleichung zweiter Ordnung so zu bestimmen, daß sie durch einen gegebenen Punkt P geht und dort eine vorgeschriebene Tangente hat. Darum spricht man auch hier von einem *Anfangswertproblem.*

Die klassische Behandlung des Cauchyschen Problems beginnt mit der Bemerkung, daß die Werte der drei Ableitungen zweiter Ordnung r, s, t in den Punkten von γ sowohl die Differentialgleichung – etwa die Gleichung (2.1.3) – als auch die zwei Streifenbedingungen zweiter Ordnung

$$r\,\alpha'(\tau) + s\,\beta'(\tau) = \psi'(\tau), \qquad s\,\alpha'(\tau) + t\,\beta'(\tau) = \chi'(\tau)$$

befriedigen müssen, was *im allgemeinen* die Bestimmung dieser Ableitungen ermöglicht. Für die folgenden Ableitungen verfährt man analog.

Ohne auf Einzelheiten einzugehen, erkennt man bereits an dieser Stelle einen möglichen Ausnahmefall: Das lineare System

$$\left.\begin{aligned} Ar + 2Bs + Ct &= f,\\ \alpha' r + \beta' s &= \psi',\\ \alpha' s + \beta' t &= \chi' \end{aligned}\right\} \tag{2.1.8}$$

kann für alle Punkte von γ unbestimmt sein, d.h. die Determinante der Koeffizienten des Systems kann auf γ identisch verschwinden. Man hat auf diese Weise eine wichtige Klasse von „Ausnahmekurven" der (x, y)-Ebene gefunden: die Kurven, welche die Gleichung

$$\begin{vmatrix} A & 2B & C \\ \alpha' & \beta' & 0 \\ 0 & \alpha' & \beta' \end{vmatrix} = 0, \tag{2.1.9}$$

d.h.

$$A\,\beta'^2 - 2\,B\,\alpha'\,\beta' + C\,\alpha'^2 = 0 \tag{2.1.10}$$

befriedigen.

Diese Kurven heißen *Charakteristiken* der betrachteten Gleichung, für deren Diskussion sie fundamentale Bedeutung haben.

Die *Gleichung der Charakteristiken* (2.1.10) oder auch

$$A(x, y)\,d\,y^2 - 2\,B(x, y)\,d\,x\,d\,y + C(x, y)\,d\,x^2 = 0 \tag{2.1.11}$$

ist eine gewöhnliche Differentialgleichung erster Ordnung und zweiten Grades, welche nach $\frac{d\,y}{d\,x}$ aufgelöst, die Gestalt

$$\frac{d\,y}{d\,x} = \frac{B(x, y) \pm \sqrt{B^2(x, y) - A(x, y)\,C(x, y)}}{A(x, y)} \tag{2.1.12}$$

annimmt. Die Charakteristiken bilden also (im allgemeinen) eine Kurvenschar mit der Eigenschaft, daß durch jeden Punkt der (x, y)-Ebene zwei Kurven hindurchgehen, d.h. je eine aus jedem der beiden *Charakteristikensysteme*, welche den beiden Vorzeichen in (2.1.12) entsprechen. Will man aber im Reellen bleiben, so sind verschiedene Fälle je nach dem Vorzeichen der *Diskriminante*

$$\Delta(x, y) = B^2(x, y) - A(x, y)\,C(x, y) \tag{2.1.13}$$

zu unterscheiden.

1) Ist im interessierenden Bereich $\mathfrak{B}$ der (x, y)-Ebene immer $\Delta > 0$, dann sind beide Charakteristikensysteme reell und verschieden; die Gleichung gehört zum *hyperbolischen Typus*.

2) Ist in $\mathfrak{B}$ $\Delta < 0$, dann sind die Charakteristiken komplex; die Gleichung gehört zum *elliptischen Typus*.

3) Ist in $\mathfrak{B}$ $\Delta \equiv 0$, dann gibt es ein einziges reelles System von (Doppel-)Charakteristiken; die Gleichung gehört zum *parabolischen Typus.*

4) Ist endlich in einem Teil von $\mathfrak{B}$ $\Delta > 0$ und in einem anderen $\Delta < 0$, oder gibt es Punkte von $\mathfrak{B}$, in welchen $\Delta = 0$ und andere, in denen $\Delta \neq 0$ ist, dann gehört die Gleichung zum *gemischten Typus.*

Diese Klassifikation ist insofern von grundsätzlicher Bedeutung, als die geeigneten mathematischen Methoden zur Behandlung der obigen Gleichungen ebenso wie die physikalischen Probleme, bei denen diese Gleichungen auftreten, wesentlich von deren Typus abhängen. Insbesondere kommen die Gleichungen vom hyperbolischen Typus bei *Fortpflanzungsproblemen* (Schallwellen usw.) vor, während die Gleichungen vom elliptischen Typus für *Ausgleichsvorgänge* charakteristisch sind. Die parabolischen Gleichungen beherrschen die *Diffusionsvorgänge* (Wärme usw.), die Gleichungen vom gemischten Typus endlich treten in der *transsonischen Gasdynamik* auf.

Es sei ferner bemerkt, daß das Verschwinden der Determinante (2.1.9) nicht ausschließt, daß das System (2.1.8) lösbar ist; jedoch müssen in diesem Fall die rechten Seiten in (2.1.8) gewissen Bedingungen befriedigen. Man gelangt so zur wichtigen *Verträglichkeitsbedingung* auf den Charakteristiken:

$$A(x, y)\,\beta'\,\psi' + C(x, y)\,\alpha'\,\chi' = \alpha'\,\beta'\,f(x, y, \varphi, \psi, \chi). \tag{2.1.14}$$

Sie erlaubt – zusammen mit der Streifenbedingung (2.1.7') – auf einer Charakteristik die Werte von zwei der drei Funktionen φ, ψ, χ (d.h. z, p, q) zu berechnen, wenn die der dritten gegeben sind. (Auf einer Kurve, die keine Charakteristik ist, müßten dagegen zwei von diesen drei Funktionen gegeben werden, um die dritte zu berechnen.)

Die obige Klassifikation der partiellen Differentialgleichungen mit zwei unabhängigen Veränderlichen kann – mit einigen Einschränkungen – auch auf die Gleichungen mit n (>2) unabhängigen Veränderlichen ausgedehnt werden. Wenn es sich insbesondere um eine quasilineare Gleichung handelt, in der die Ableitungen zweiter Ordnung lediglich in der Gestalt

$$\sum_{r,s=1}^{n} A_{rs} \frac{\partial^2 z}{\partial x_r\, \partial x_s}, \qquad A_{rs} = A_{sr}$$

auftreten, wobei die A_{rs} gewisse Funktionen der unabhängigen Veränderlichen $x_1, x_2, \ldots, x_n$ sind, dann hängt der Typus der Gleichung vom *Trägheitsindex,* d.h. von der Differenz δ der Anzahl der positiven und der Anzahl der negativen Koeffizienten in der *kanonischen Form* der quadratischen Form

$$Q = \sum_{r,s=1}^{n} A_{rs} \lambda_r \lambda_s$$

ab. Diese Differenz ist für alle möglichen kanonischen Formen von Q gleich (Trägheitsgesetz der quadratischen Formen).

Im Fall $\delta = \pm n$, d.h. im Fall einer *definiten* quadratischen Form sagt man, die Gleichung sei *elliptisch.* Ist dagegen $\delta = \pm (n-2)$, d.h. gibt es genau einen Koeffizienten der kanonischen Form mit abweichendem Vorzeichen, dann spricht man (mit PETROWSKI) von einer Gleichung vom *hyperbolischen Typus,* solange Q irreduzibel ist. Wenn die Form Q *semi-definit* ist, d.h. wenn zwar sämtliche Glieder in einer ihren kanonischen Formen gleiches Vorzeichen haben, ihre Anzahl jedoch kleiner als n ist, dann spricht man von einer *parabolischen Gleichung.*

Für $n > 4$ bleiben jedoch noch die Fälle $\delta = \pm (n-4)$ usw. übrig.

2.2 Kanonische Formen der hyperbolischen Differentialgleichungen und Systeme

Nun wenden wir uns hauptsächlich der hyperbolischen partiellen Differentialgleichung der Form (2.1.3) zu und setzen voraus, daß die Differentialgleichung der Charakteristiken integriert sei. Dabei seien

$$\varphi(x, y) = \text{const}, \qquad \psi(x, y) = \text{const}$$

die kartesischen Gleichungen der beiden Charakteristikensysteme.

Die Variablentransformation

$$\varphi(x, y) = \xi, \qquad \psi(x, y) = \eta \tag{2.2.1}$$

führt die Gleichung (2.1.3) offenbar in eine Gleichung derselben Form, nämlich

$$A_1(\xi, \eta) \frac{\partial^2 z}{\partial \xi^2} + 2B_1(\xi, \eta) \frac{\partial^2 z}{\partial \xi \, \partial \eta} + C_1(\xi, \eta) \frac{\partial^2 z}{\partial \eta^2} = f_1\left(\xi, \eta, z, \frac{\partial z}{\partial \xi}, \frac{\partial z}{\partial \eta}\right)$$

über, deren Charakteristiken die Parallelen

$$\xi = \text{const}, \qquad \eta = \text{const} \tag{2.2.2}$$

zu den Koordinatenachsen sind. Infolgedessen muß sich die neue Differentialgleichung der Charakteristiken

$$A_1\,d\eta^2 - 2B_1\,d\xi\,d\eta + C_1\,d\xi^2 = 0$$

auf die Gleichung

$$d\xi\,d\eta = 0$$

reduzieren. Dies zeigt, daß $A_1 \equiv C_1 \equiv 0$ ist. Die *kanonische Form* einer hyperbolischen Gleichung, die auf ihre *charakteristischen Variablen* (2.2.1) bezogen ist, lautet also, wenn man wieder x und y statt ξ bzw. η schreibt,

$$\frac{\partial^2 z}{\partial x\,\partial y} = f\left(x, y, z, \frac{\partial z}{\partial x}, \frac{\partial z}{\partial y}\right). \tag{2.2.3}$$

Im Fall einer linearen und homogenen Gleichung hat sie speziell die Gestalt

$$\frac{\partial^2 z}{\partial x\,\partial y} + a(x,y)\frac{\partial z}{\partial x} + b(x,y)\frac{\partial z}{\partial y} + c(x,y)\,z = 0. \tag{2.2.4}$$

An Stelle einer einzigen quasilinearen Gleichung zweiter Ordnung kann man ein System von zwei Gleichungen erster Ordnung

$$\left.\begin{aligned} a_{11}u_x + a_{12}u_y + a_{13}v_x + a_{14}v_y &= h_1, \\ a_{21}u_x + a_{22}u_y + a_{23}v_x + a_{24}v_y &= h_2 \end{aligned}\right\} \tag{2.2.5}$$

betrachten, wo die Koeffizienten a_{rs}, $r=1, 2$; $s=1, 2, 3, 4$ gegebene Funktionen der unabhängigen Veränderlichen sind, während die rechten Seiten h_1 und h_2 auch von den unbekannten Funktionen u und v abhängen dürfen.

Für ein solches System kann man das folgende *Cauchysche Problem* betrachten: Es ist eine Lösung des Systems, d.h. ein Paar u, v von Funktionen, welche das System befriedigen, so zu bestimmen, daß sie vorgeschriebene Werte

$$u = f(\tau), \qquad v = g(\tau)$$

auf einer gewissen Kurve γ:

$$x = \alpha(\tau), \qquad y = \beta(\tau)$$

der (x, y)-Ebene annehmen.

Die vier Ableitungen u_x, u_y, v_x, v_y auf γ bestimmen sich aus den Gleichungen (2.2.5) und den zwei Streifenbedingungen

$$\left.\begin{aligned} u_x \alpha'(\tau) + u_y \beta'(\tau) &= f'(\tau), \\ v_x \alpha'(\tau) + v_y \beta'(\tau) &= g'(\tau) \end{aligned}\right\}. \tag{2.2.6}$$

Ähnlich wie oben folgt daraus, daß die *Charakteristiken*, d.h. die Kurven, für welche das Problem unbestimmt wird, diejenigen sind, welche die gewöhnliche Differentialgleichung

$$\begin{vmatrix} a_{11} & a_{12} & a_{13} & a_{24} \\ a_{21} & a_{22} & a_{23} & a_{24} \\ \alpha' & \beta' & 0 & 0 \\ 0 & 0 & \alpha' & \beta' \end{vmatrix} = 0$$

befriedigen. Entwickelt man diese Gleichung, so nimmt sie die Gestalt

$$D_{24} \alpha'^2 - (D_{14} + D_{23})\, \alpha' \beta' + D_{13} \beta'^2 = 0 \tag{2.2.7}$$

an, wobei

$$D_{rs} = \begin{vmatrix} a_{1r} & a_{1s} \\ a_{2r} & a_{2s} \end{vmatrix}, \quad r, s = 1, 2, 3, 4 \tag{2.2.8}$$

gesetzt wurde. Demgemäß haben wir das System als *hyperbolisch* zu betrachten, wenn

$$\Delta = (D_{14} + D_{23})^2 - 4 D_{13} D_{24} > 0, \tag{2.2.9}$$

als elliptisch, wenn $\Delta < 0$ ist usw. Man kann auch hier *Verträglichkeitsbedingungen auf den Charakteristiken* aufstellen, da – falls die Kurve γ mit einer Charakteristik zusammenfällt – das System der Gleichungen (2.2.5) und (2.2.6) nur dann gelöst werden kann, wenn die rechten Seiten einer geeigneten Bedingung genügen. Sie lautet

$$\begin{vmatrix} a_{11} \beta' - a_{12} \alpha' & a_{11} f' + a_{13} g' - h_1 \alpha' \\ a_{21} \beta' - a_{22} \alpha' & a_{21} f' + a_{23} g' - h_2 \alpha' \end{vmatrix} = 0$$

und nimmt, wenn die Abkürzungen (2.2.8) und

$$\begin{vmatrix} a_{1r} & h_1 \\ a_{2r} & h_2 \end{vmatrix} = H_r, \quad r = 1, 2 \tag{2.2.10}$$

benutzt werden, die Gestalt

$$D_{12}\alpha' f' + (D_{13}\beta' - D_{23}\alpha')\, g' = \alpha'(H_1\beta' - H_2\alpha') \qquad (2.2.11)$$

oder

$$D_{12}\frac{dx}{d\tau}\frac{du}{d\tau} + \left(D_{13}\frac{dy}{d\tau} - D_{23}\frac{dx}{d\tau}\right)\frac{dv}{d\tau} = \frac{dx}{d\tau}\left(H_1\frac{dy}{d\tau} - H_2\frac{dx}{d\tau}\right) \qquad (2.2.11')$$

an.

Über die *kanonischen Formen eines hyperbolischen Systems* wollen wir hier nur eines bemerken: Falls die Charakteristiken die Parallelen $\xi = \text{const}$ und $\eta = \text{const}$ zu den Koordinatenachsen sind, darf die Gleichung (2.2.7) nur ihr Mittelglied enthalten, es muß also $D_{13} \equiv D_{24} \equiv 0$ sein. Daraus folgt[1], wenn noch

$$\left.\begin{aligned} a_{11}u + a_{13}v &= U \\ a_{12}u + a_{14}v &= V \end{aligned}\right\} \qquad (2.2.12)$$

gesetzt wird, daß das transformierte System die einfache kanonische Form

$$\left.\begin{aligned} U_\xi &= F(\xi, \eta, U, V) \\ V_\eta &= G(\xi, \eta, U, V) \end{aligned}\right\} \qquad (2.2.13)$$

annimmt.

Ist ein solches System vorgelegt, dann bekommt man durch Differentiation der ersten Gleichung nach y und Elimination von v_y die Gleichung

$$u_{xy} = F_y(x, y, u, v) + F_u(x, y, u, v)\, u_y + F_v(x, y, u, v) \cdot G(x, y, u, v)\,.$$

Berechnet man aus der ersten der Gleichungen in (2.2.13′) v als Funktion von x, y, u und u_x, so erhält man eine Gleichung zweiter Ordnung der Form

$$u_{xy} = A(x, y, u, u_x) + B(x, y, u, u_x)\, u_y \qquad (2.2.14)$$

für u allein. Ist umgekehrt eine Gleichung zweiter Ordnung der Form (2.2.14) gegeben[2], so kann man sie immer in ein System der Form (2.2.13′) überführen. Zu diesem Zweck setzt man

$$v = \tilde{\omega}(x, y, u, u_x)\,, \qquad (2.2.15)$$

---

[1] Siehe z. B. Tricomi [4], § 1.12, S. 73.

[2] Insbesondere ist die Gleichung (2.2.4) von dieser Form.

wo $\tilde{\omega}(x, y, \xi, \eta)$ irgendeine Lösung der linearen partiellen Differentialgleichung

$$\frac{\partial \omega}{\partial \xi} + B(x, y, \xi, \eta) \frac{\partial \omega}{\partial \eta} = 0 \tag{2.2.16}$$

bezeichnet[1]. Die gegebene Differentialgleichung ist dann einem System der Form (2.2.13') äquivalent; dessen erste Gleichung

$$u_x = F(x, y, u, v) \tag{2.2.17}$$

erhält man durch Auflösung von (2.2.15) nach u_x, während die zweite Gleichung

$$v_y = G(x, y, u, v) \tag{2.2.18}$$

durch Differentiation von (2.2.15) nach y entsteht. Sie führt – mit Rücksicht auf (2.2.16) – zur Gleichung

$$\begin{aligned} v_y &= \tilde{\omega}_y(x, y, u, u_x) + \tilde{\omega}_u(x, y, u, u_x)\, u_y + \tilde{\omega}_{u_x}(x, y, u, u_x)\, u_{xy} \\ &= \tilde{\omega}_y + \tilde{\omega}_u u_y + \tilde{\omega}_{u_x}(A + B u_y) = \tilde{\omega}_y + \tilde{\omega}_{u_x} A + (\tilde{\omega}_u + B \tilde{\omega}_{u_x})\, u_y \\ &= \tilde{\omega}_y(x, y, u, u_x) + \tilde{\omega}_{u_x}(x, y, u, u_x) \cdot A(x, y, u, u_x), \end{aligned}$$

welche die Form (2.2.18) annimmt, wenn man für u_x gemäß (2.2.17) den Ausdruck $F(x, y, u, v)$ einsetzt. Man darf also – entgegen einer weitverbreiteten Ansicht – behaupten, daß im Fall linearer, ja sogar quasilinearer Gleichungen der Gestalt (2.2.14) vollkommene Äquivalenz zwischen hyperbolischen Gleichungen zweiter Ordnung und hyperbolischen Systemen von zwei Gleichungen erster Ordnung besteht.

2.3 Das Kettenverfahren von Laplace

Wenn eine lineare homogene partielle Differentialgleichung der Form

$$z_{xy} + a(x, y)\, z_x + b(x, y)\, z_y + c(x, y)\, z = 0 \tag{2.3.1}$$

vorgelegt ist, so erweist es sich vielfach als nützlich, eine Transformation der Gestalt

$$z(x, y) = \lambda(x, y)\, \zeta(x, y) \tag{2.3.2}$$

vorzunehmen. Hier bezeichnet ζ die neue unbekannte Funktion und

$$\lambda(x, y) = e^{\Lambda(x, y)} \tag{2.3.3}$$

[1] Die Integration einer solchen partiellen Differentialgleichung stellt ein elementares Problem dar.

eine geeignet zu wählende Funktion. Man bemerkt sofort, daß ζ einer Gleichung vom Typ (2.3.1) genügt, wobei die entsprechenden Koeffizienten durch die Ausdrücke

$$\left.\begin{aligned} \alpha = a + \Lambda_y, \qquad \beta = b + \Lambda_x \\ \gamma = c + \alpha\beta - a b + \Lambda_{xy} \end{aligned}\right\} \tag{2.3.4}$$

gegeben sind.

Die notwendigen und hinreichenden Bedingungen dafür, daß zwei Gleichungen der Form (2.3.1) mit den Koeffizienten a, b, c bzw. α, β, γ durch eine Transformation der Art (2.3.2) ineinander überführt werden können, lauten folglich

$$\frac{\partial(\alpha - a)}{\partial x} = \frac{\partial(\beta - b)}{\partial y} = \gamma - c + a b - \alpha\beta$$

oder

$$\alpha_x + \alpha\beta - \gamma = a_x + a b - c, \qquad \beta_y + \alpha\beta - \gamma = b_y + a b - c. \tag{2.3.5}$$

Es sollen also die beiden Größen

$$\left.\begin{aligned} h = a_x + a b - c \\ k = b_y + a b - c \end{aligned}\right\} \tag{2.3.6}$$

(welche aus diesem Grunde *Invariante* genannt werden) für beide Gleichungen denselben Wert haben[1].

Unter Benutzung der Invarianten (2.3.6) kann die vorgelegte Gleichung in einer der beiden Formen

$$\left.\begin{aligned} \frac{\partial}{\partial x}(z_y + a z) + b(z_y + a z) - h z = 0 \\ \frac{\partial}{\partial y}(z_x + b z) + a(z_x + b z) - k z = 0 \end{aligned}\right\} \tag{2.3.7}$$

geschrieben werden. In dieser Theorie sind die Bezeichnungen

$$z_y + a z = z_1, \qquad z_x + b z = z_{-1} \tag{2.3.8}$$

üblich, mit denen man dann

$$\frac{\partial z_1}{\partial x} + b z_1 - h z = 0, \qquad \frac{\partial z_{-1}}{\partial y} + a z_{-1} - k z = 0 \tag{2.3.9}$$

[1] Sind diese Bedingungen erfüllt, so erhält man den Logarithmus Λ des Faktors λ durch Integration seines Differentials:

$$d\Lambda = (\beta - b)\,dx + (\alpha - a)\,dy.$$

erhält. Wenn also eine der beiden Invarianten – etwa h – verschwindet, so läßt sich die gegebene Gleichung explizit integrieren. In der Tat liefert die erste der Gleichungen in (2.3.9) im Fall $h=0$ sofort

$$z_1 = C(y) \exp\left[-\int b(x,y)\,dx\right], \tag{2.3.10}$$

wo $C(y)$ eine willkürliche Funktion von y ist. Berücksichtigt man die erste der Gleichungen in (2.3.8), so erhält man

$$z = \exp\left[-\int a(x,y)\,dy\right] \left\{K(x) + \int z_1(x,y) \exp\left[\int a(x,y)\,dy\right] dy\right\}, \tag{2.3.11}$$

wo $K(x)$ eine willkürliche Funktion von x bezeichnet. Sind aber beide Invarianten von Null verschieden, dann kann man die vorgelegte Gleichung durch eine ähnliche ersetzen, in der z_1 (oder z_{-1}) als unbekannte Funktion erscheint. Hierzu braucht man nur die erste Gleichung in (2.3.9) nach y oder die zweite nach x abzuleiten und dann mit Hilfe der Gleichungen (2.3.9) und (2.3.8) z zu eliminieren. Man gelangt so zu den Gleichungen

$$\left.\begin{aligned} \frac{\partial^2 z_1}{\partial x\,\partial y} + a_1 \frac{\partial z_1}{\partial x} + b_1 \frac{\partial z_1}{d y} + c_1 z_1 = 0 \\ \frac{\partial^2 z_{-1}}{\partial x\,\partial y} + a_{-1} \frac{\partial z_{-1}}{\partial x} + b_{-1} \frac{\partial z_{-1}}{\partial y} + c_{-1} z_{-1} = 0 \end{aligned}\right\}, \tag{2.3.12}$$

deren Koeffizienten durch die Formeln

$$\left.\begin{aligned} a_1 = a - \frac{\partial}{\partial x}(\log h), \quad b_1 = b, \quad c_1 = a_1 b_1 + b_y - h \\ a_{-1} = a, \quad b_{-1} = b - \frac{\partial}{\partial x}(\log k), \quad c_{-1} = a_{-1} b_{-1} + a_x - k \end{aligned}\right\}, \tag{2.3.13}$$

$$\left.\begin{aligned} h_1 = 2h - k - \frac{\partial^2}{\partial x\,\partial y}(\log h), \quad k_1 = h \\ h_{-1} = k, \quad k_{-1} = 2k - h - \frac{\partial^2}{\partial x\,\partial y}(\log k) \end{aligned}\right\} \tag{2.3.14}$$

gegeben sind. Bezeichnen wir abkürzend mit $\mathfrak{T}_1$ bzw. $\mathfrak{T}_{-1}$ die Transformationen, welche von der gegebenen Gleichung (die jetzt mit G_0 bezeichnet sei) zur Gleichung G_1 mit der Unbekannten z_1 bzw. zur Gleichung G_{-1} mit der Unbekannten z_{-1} führen! Wendet man nun die genannten Transformationen hintereinander an (also zunächst $\mathfrak{T}_1$ und dann $\mathfrak{T}_{-1}$ oder umgekehrt), so gelangt man jeweils zu einer

Gleichung, welche die gleichen Invarianten wie die ursprüngliche besitzt. Zwei Gleichungen mit den gleichen Invarianten sind aber äquivalent, wenn man von einer Transformation der Art (2.3.2) absieht. Man kann also $\mathfrak{T}_1$ und $\mathfrak{T}_{-1}$ als zueinander invers ansehen. Durch wiederholte Anwendung der Transformationen $\mathfrak{T}_1$ und $\mathfrak{T}_{-1}$ gelangt man zu einer Kette von Gleichungen der Form (2.3.1):

$$\ldots, G_{-3}, G_{-2}, G_{-1}, G_0, G_1, G_2, G_3, \ldots, \tag{2.3.15}$$

Ihre Invarianten lassen sich mit Hilfe der Formeln (2.3.14) leicht berechnen. Strenggenommen braucht man lediglich die h_n mit Hilfe der Rekursionsformel

$$h_{n+1} = 2h_n - h_{n-1} - \frac{\partial^2}{\partial x\, \partial y}(\log h_n), \qquad n \text{ ganz} \tag{2.3.16}$$

und der Anfangswerte

$$h_0 = h, \qquad h_{-1} = k \tag{2.3.17}$$

zu bestimmen, denn man bestätigt leicht, daß

$$k_n = h_{n-1} \tag{2.3.18}$$

gilt. Verschwindet eine dieser beiden Invarianten identisch, dann läßt sich die Lösung der entsprechenden Gleichung (und ebenso die der ursprünglichen) explizit angeben, wie vorhin gezeigt wurde. Jedoch auch in weniger glücklich gelagerten Fällen ist das oben geschilderte *Kettenverfahren von* LAPLACE oft nützlich, insbesondere in der Differentialgeometrie.

2.4 Die Differentialgleichung von Euler-Poisson

Die obige Theorie läßt sich besonders leicht auf die berühmte *Differentialgleichung von* EULER-POISSON

$$\frac{\partial^2 z}{\partial x\, \partial y} - \frac{1}{x-y}\left(\beta' \frac{\partial z}{\partial x} - \beta \frac{\partial z}{\partial y}\right) = 0 \tag{2.4.1}$$

anwenden, wobei β und β' zwei Konstanten bedeuten. In diesem Fall hat man

$$h = h_0 = \frac{\beta'(1-\beta)}{(x-y)^2}, \qquad k = k_0 = h_{-1} = \frac{\beta(1-\beta')}{(x-y)^2}$$

und allgemein

$$h_n = k_{n+1} = \frac{(n+\beta')\,(n+1-\beta)}{(x-y)^2}. \tag{2.4.2}$$

Ist wenigstens eine der Konstanten β und β' ganzzahlig, so sieht man aus dem obigen, daß sich die betrachtete Differentialgleichung explizit integrieren läßt. Außerdem ist es klar, daß sich die zwei Invarianten nicht ändern, falls β und β' durch $1-\beta'$ bzw. $1-\beta$ ersetzt werden. Die entsprechenden Gleichungen sind also – von einer multiplikativen Transformation abgesehen – einander äquivalent. Bezeichnen wir die allgemeine Lösung der gegebenen Gleichung mit

$$\mathfrak{Z}_{\beta,\beta'}(x,y), \tag{2.4.3}$$

so besteht die Beziehung

$$\mathfrak{Z}_{\beta,\beta'}(x,y) = (x-y)^{1-\beta-\beta'}\,\mathfrak{Z}_{1-\beta',1-\beta}(x,y). \tag{2.4.4}$$

Eine weitere wichtige Eigenschaft der Euler-Poissonschen Differentialgleichung ergibt sich, wenn beide Veränderliche x und y derselben *projektiven Transformation*

$$x = \frac{c\,\xi + d}{a\,\xi + b}, \qquad y = \frac{c\,\eta + d}{a\,\eta + b}, \qquad a\,d - b\,c \neq 0 \tag{2.4.5}$$

unterworfen werden. Die transformierte Gleichung ist vom gleichen Typus wie die ursprüngliche. Der Zusammenhang zwischen den Lösungen ist durch

$$\mathfrak{Z}_{\beta,\beta'}(x,y) = (a\,x+b)^{-\beta}(a\,y+b)^{-\beta'}\,\mathfrak{Z}_{\beta,\beta'}\left(\frac{c\,x+d}{a\,x+b}, \frac{c\,y+d}{a\,y+b}\right),$$
$$(a\,d - b\,c \neq 0) \tag{2.4.6}$$

gegeben.

Die Lösungen der Euler-Poissonschen Gleichung, welche *homogene* Funktionen vom Grad μ in beiden Veränderlichen x und y sind, lassen sich leicht bestimmen. Wenn man

$$\frac{y}{x} = t, \qquad z = x^{\mu}\,u(t)$$

in die Gleichung (2.4.1) einsetzt, erhält man für u die gewöhnliche Differentialgleichung

$$t(1-t)\,\frac{d^2u}{dt^2} + [(1-\mu-\beta) - (1-\mu-\beta')\,t]\,\frac{du}{dt} + \mu\,\beta'\,u = 0.$$

d.h. die Gaußsche hypergeometrische Gleichung mit

$$a = -\mu, \qquad b = \beta', \qquad c = 1-\beta-\mu.$$

Es folgt hieraus, daß die gegebene Differentialgleichung die Lösungen

$$z = x^{\mu}\,\mathfrak{F}\left(-\mu, \beta'; 1-\beta-\mu; \frac{y}{x}\right) \tag{2.4.7}$$

zuläßt, wo das Symbol $\mathfrak{F}$ die in Abschn. 1.10 eingeführte Bedeutung hat. Ist insbesondere $\mu = n$ eine natürliche Zahl, dann gibt es unter diesen Lösungen homogene Polynome in x und y.

Weiter soll gezeigt werden, wie die Euler-Poissonsche Gleichung durch gewisse bestimmte Integrale befriedigt werden kann, die willkürliche Funktionen enthalten. Unter der Annahme, daß β und β' positive Realteile haben, setzen wir

$$u(x, y) = \int_0^1 \Phi\,[x + (y-x)\,t]\, t^{\beta'-1}\,(1-t)^{\beta-1}\,dt, \tag{2.4.8}$$

wo Φ eine beliebige Funktion aus $C^{(2)}$ bezeichnet.[1] Mit elementaren Rechnungen findet man

$$\beta' u_x - \beta u_y = \int_0^1 \Phi'\,[x + (y-x)\,t]\,\frac{d}{dt}\,[t^{\beta'}(1-t)^{\beta}]\,dt.$$

Eine partielle Integration liefert

$$\beta' u_x - \beta u_y = (x-y)\int_0^1 \Phi''\,[x + (y-x)\,t]\,t^{\beta'}\,(1-t)^{\beta}\,dt = (x-y)\,u_{xy}.$$

Das eingeführte Integral genügt also der Gleichung (2.4.1).

Eine weitere Lösung derselben Art bekommt man durch Anwendung der Beziehung (2.4.4) auf (2.4.8):

$$v(x, y) = (x-y)^{1-\beta-\beta'}\int_0^1 \Psi\,[x + (y-x)\,t]\,t^{-\beta}\,(1-t)^{-\beta'}\,dt,$$

$$\Re\,\beta < 1 \qquad \Re\,\beta' < 1, \tag{2.4.9}$$

wobei Ψ eine beliebige Funktion aus $C^{(2)}$ bedeute.

Durch Kombination beider Lösungen und vermöge der Variablentransformation

$$x + (y-x)\,t = \tau$$

---

[1] Die Klasse $C^{(2)}$ besteht aus allen Funktionen, die stetige Ableitungen bis zur zweiten Ordnung einschließlich haben.

erhält man die allgemeine Lösung

$$z=\int_x^y \Psi(\tau)\,(\tau-x)^{-\beta}\,(y-\tau)^{-\beta'}\,d\tau$$
$$+\,(x-y)^{1-\beta-\beta'}\int_x^y \Phi(\tau)\,(\tau-x)^{\beta'-1}\,(y-\tau)^{\beta-1}\,d\tau. \qquad (2.4.10)$$

Sie ist von Interesse für die transsonische Gasdynamik (siehe § 4), in der die Euler-Poissonsche Gleichung mit $\beta=\beta'=1/6$ vorkommt. Auf diesen Fall ist (2.4.10) anwendbar, da ja die Realteile von β und β' zwischen 0 und 1 liegen.

2.5 Die Wellengleichung

Eine der einfachsten und wichtigsten partiellen Differential gleichungen ist die *Wellengleichung*, welche im Fall $n+1$ unabhängiger Veränderlicher $x_1, x_2, \ldots, x_n, t$ die Gestalt

$$\frac{\partial^2 z}{\partial t^2}-a^2\left(\frac{\partial^2 z}{\partial x_1^2}+\frac{\partial^2 z}{\partial x_2^2}+\cdots+\frac{\partial^2 z}{\partial x_n^2}\right)=0 \qquad (2.5.1)$$

annimmt, wofür man auch kürzer

$$\frac{\partial^2 z}{\partial t^2}-a^2\Delta_2 z=0 \qquad (2.5.1')$$

schreibt (a bezeichne eine positive Konstante).

Für $n=1$ lautet die entsprechende Gleichung

$$\frac{\partial^2 z}{\partial t^2}-a^2\frac{\partial^2 z}{\partial x^2}=0. \qquad (2.5.2)$$

Sie ist der Prototyp der hyperbolischen Gleichungen mit zwei unabhängigen Veränderlichen. Ihre Charakteristiken sind die Geraden

$$x\pm a\,t=\text{const} \qquad (2.5.3)$$

der (x, t)-Ebene. Auch im allgemeinen Fall ist gemäß unserer Klassifizierung (Abschn. 2.1) die Gleichung (2.5.1) stets hyperbolisch.

Es seien $\nu_1, \nu_2, \ldots, \nu_n$ n reelle Konstanten derart, daß

$$\nu_1^2+\nu_2^2+\cdots+\nu_n^2=1 \qquad (2.5.4)$$

gilt, d.h. der Vektor

$$\boldsymbol{\nu}=\nu_1\boldsymbol{i}_1+\nu_2\boldsymbol{i}_2+\cdots+\nu_n\boldsymbol{i}_n$$

ein Einheitsvektor ist. Wird Φ beliebig aus der Klasse $C^{(2)}$ gewählt und

$$\boldsymbol{x}=x_1\boldsymbol{i}_1+x_2\boldsymbol{i}_2+\cdots+x_n\boldsymbol{i}_n$$

gesetzt, so ist die Funktion

$$z = \Phi(\boldsymbol{v} \cdot \boldsymbol{x} \pm a\,t)\ ^{1} \tag{2.5.5}$$

eine Lösung der Wellengleichung. Für derartige Lösungen, z.B.

$$z = \Phi(\xi - a\,t), \qquad \xi = \boldsymbol{v} \cdot \boldsymbol{x} \tag{2.5.6}$$

gilt folgendes: Werden zu zwei Werten ξ_1 und ξ_2 von ξ die entsprechenden „Zeiten“ t_1 und t_2 so gewählt, daß

$$\xi_1 - a\,t_1 = \xi_2 - a\,t_2$$

oder

$$\frac{\xi_1 - \xi_2}{t_1 - t_2} = a \tag{2.5.7}$$

ist, dann sind die zugehörigen Werte von z dieselben. Nun stellt aber eine Gleichung der Form

$$\boldsymbol{v} \cdot \boldsymbol{x} = \xi = \text{const}$$

geometrisch eine zum Vektor $\boldsymbol{v}$ senkrechte Hyperebene im $(x_1, x_2, \ldots, x_n, t)$-Raum dar. Eine der Gleichung (2.5.6) gehorchende „Bewegung“ geht also so vor sich, daß sich alles, was zum Zeitpunkt t_1 auf der Hyperebene $\boldsymbol{v} \cdot \boldsymbol{x} = \xi_1$ geschieht, zum Zeitpunkt t_2 auf der Hyperebene $\boldsymbol{v} \cdot \boldsymbol{x} = \xi_2$ wiederholt, wenn ξ_1, ξ_2, t_1 und t_2 durch die Beziehung (2.5.7) verknüpft sind. Es handelt sich also um *Hyperebenenwellen*, die sich in Richtung des Einheitsvektors $\boldsymbol{v}$ mit der Geschwindigkeit a fortpflanzen (oder in der entgegengesetzten Richtung, wenn Lösungen der Form $z = \Phi(\xi + a\,t)$ betrachtet werden). Dies erklärt die Bezeichnung „*Wellengleichung*“.

Bei der klassischen Methode der Trennung der Veränderlichen versucht man die Gleichung (2.5.1) durch eine Funktion der Form

$$z = Z(x_1, x_2, \ldots, x_n) \cdot T(t) \tag{2.5.8}$$

zu befriedigen. Wird die Trennungskonstante mit $-k^2$ bezeichnet, so erhält man die beiden Differentialgleichungen

$$\Delta_2 Z + \lambda \cdot Z = 0, \qquad \lambda = \frac{k^2}{a^2} \tag{2.5.9}$$

und

$$T'' + k^2 \cdot T = 0. \tag{2.5.10}$$

[1] $\boldsymbol{v} \cdot \boldsymbol{x}$ stehe für das innere Produkt der Vektoren $\boldsymbol{v}$ und $\boldsymbol{x}$.

Die zweite Gleichung läßt sich sofort integrieren. Als Lösung erhält man

$$T = C \cdot \cos(k t - \alpha), \tag{2.5.11}$$

wo C und α zwei willkürliche Konstanten bedeuten.

Die Gleichung (2.5.9) ist die sogenannte *Schwingungsgleichung*, deren Studium eigentlich der Theorie der elliptischen Differentialgleichungen angehört. Ist aber $n = 1$, dann wird die Integration von (2.5.9) elementar, und es ergibt sich als Lösung

$$z = \left[A \cos\left(\sqrt{\lambda}\, x\right) + B \sin\left(\sqrt{\lambda}\, x\right)\right] \cdot \cos(k t - \alpha). \tag{2.5.12}$$

A, B und α bezeichnen willkürliche Konstanten. Jedenfalls auch für $n > 1$ sind diese Lösungen der Wellengleichung *periodische Funktionen der Zeit* t mit der Periode $k/2\pi$.

Als nächstes wollen wir diejenigen Lösungen der Wellengleichung bestimmen, welche von den Veränderlichen $x_1, x_2, \ldots, x_n$ nur über die *Entfernung*

$$r = \sqrt{x_1^2 + x_2^2 + \cdots + x_n^2} \tag{2.5.13}$$

des Punktes $(x_1, x_2, \ldots, x_n)$ vom Nullpunkt abhängen. Da

$$\frac{\partial z}{\partial x_h} = \frac{x_h}{r} \cdot \frac{\partial z}{\partial r}, \qquad \frac{\partial^2 z}{\partial x_h^2} = \frac{r_h^2}{x^2} \frac{\partial^2 z}{\partial r^2} + \left(\frac{1}{r} - \frac{x_h^2}{r^3}\right) \cdot \frac{\partial z}{\partial r},$$

$$\Delta_2 Z = \frac{\partial^2 z}{\partial r^2} + \frac{n-1}{r} \frac{\partial z}{\partial r}$$

ist, erhält man die partielle Differentialgleichung

$$\frac{\partial^2 z}{\partial r^2} + \frac{n-1}{r} \frac{\partial z}{\partial r} - \frac{1}{a^2} \frac{\partial^2 z}{\partial t^2} = 0 \tag{2.5.14}$$

mit nur zwei unabhängigen Veränderlichen, welche auf die Euler-Poissonsche Differentialgleichung reduziert werden kann. Es genügt nämlich

$$\xi = a t + r, \qquad \eta = a t - r$$

zu setzen. Man gelangt so zur Gleichung

$$\frac{\partial^2 z}{\partial \xi \, \partial \eta} - \frac{n-1}{2(\xi - \eta)} \left(\frac{\partial z}{\partial \xi} - \frac{\partial z}{\partial \eta}\right) = 0, \tag{2.5.15}$$

welche mit der Gleichung (2.4.1) für

$$\beta = \beta' = \frac{n-1}{2}$$

zusammenfällt. Insbesondere wird hieraus deutlich, daß die Gleichung (2.5.14) elementar integrierbar ist, wenn n eine *ungerade* ganze Zahl ist.

Endlich sei bemerkt, daß sich die Gleichung (2.5.14) in dem wichtigen Fall $n = 3$ vermöge der Substitution

$$z = \frac{u}{r} \tag{2.5.16}$$

auf die Gleichung (2.5.1) mit $n = 1$, d.h. auf

$$\frac{\partial^2 u}{\partial t^2} - a^2 \frac{\partial^2 u}{\partial r^2} = 0$$

reduziert. Deshalb wird die Wellengleichung im Fall $n = 1$ manchmal auch Gleichung der Kugelwellen genannt.

2.6 Das Anfangswertproblem für die Wellengleichung im Fall $n=1$ Die Probleme von Darboux und Goursat

Das Anfangswertproblem (oder Cauchysche Problem) für die Wellengleichung im Fall $n = 1$,

$$\frac{\partial^2 z}{\partial t^2} - a^2 \frac{\partial^2 z}{\partial x^2} = 0, \tag{2.6.1}$$

besteht in der Aufgabe, eine Lösung $z(x, y)$ so zu finden, daß auf einer Strecke $[0, l]$ der x-Achse die Anfangsbedingungen

$$z(x, 0) = f(x), \quad z_t(x, 0) = g(x), \quad 0 \leqq x \leqq l \tag{2.6.2}$$

gelten, wo f und g zwei gegebene Funktionen aus der Klasse $C^{(2)}$ sind. Es läßt sich mit Hilfe der Lösungen der Form (2.5.5) einfach behandeln. Setzen wir nämlich

$$z(x, t) = \varphi(x - a\,t) + \psi(x + a\,t),$$

wo φ und ψ zwei unbestimmte Funktionen aus der Klasse $C^{(2)}$ bezeichnen, so liefern die Bedingungen (2.6.2) die Gleichungen

$$\varphi(x) + \psi(x) = f(x), \quad -a\,\varphi'(x) + a\,\psi'(x) = g(x),$$

aus denen φ und ψ leicht ermittelt werden können. Setzen wir – unter Fortlassung einer unwesentlichen Konstanten –

$$f(x) + \frac{1}{a}\int_0^x g(x)\,dx = F_1(x), \quad f(x) - \frac{1}{a}\int_0^x g(x)\,dx = F_2(x), \tag{2.6.3}$$

so erhalten wir die explizite Lösungsformel unseres Anfangswertproblems:

$$z(x,t) = \frac{1}{2} F_1(x + a\,t) + \frac{1}{2} F_2(x - a\,t). \qquad (2.6.4)$$

Dieses einfache Ergebnis gibt Anlaß zu einigen Betrachtungen. Zuerst kann man sich fragen, in welchem Bereich $\mathfrak{B}$ der (x,t)-Ebene

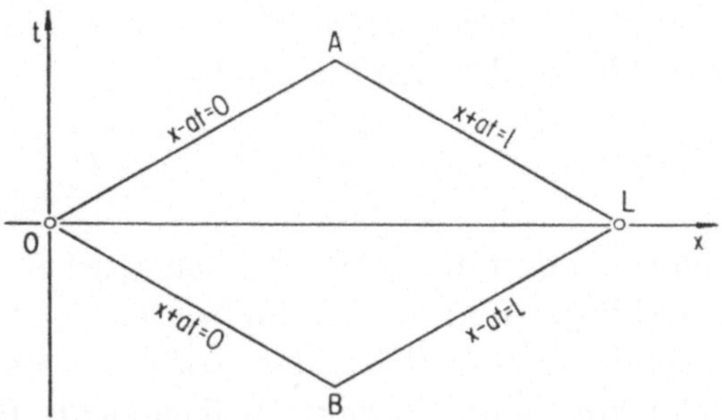

Abb. 15. Bestimmtheitsbereich des Anfangswertproblems für die Wellengleichung

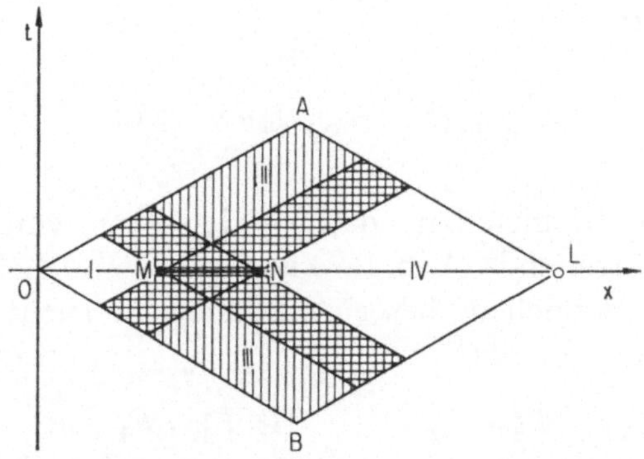

Abb. 16. Einflußbereich einer Teilstrecke

die so gefundene Lösung bestimmt ist. Da die Funktionen F_1 und F_2 (ebenso wie f und g) im Intervall $[0, l]$ bekannt sind, wird der *Bestimmtheitsbereich* $\mathfrak{B}$ durch die Ungleichungen

$$0 \leqq x + a\,t \leqq l, \qquad 0 \leqq x - a\,t \leqq l$$

gegeben. Er ist also gleich dem Parallelogramm $OALB$ von Abb. 15 welches von den Charakteristiken, die durch die beiden Punkte O

und $L=(l, 0)$ gehen, begrenzt wird. Der interessanteste Teil dieses Parallelogramms ist natürlich das (obere) Dreieck OAL, welches die „Zukunft" (d.h. eine Zone mit $t>0$) darstellt, während die Punkte des unteren Dreiecks zur „Vergangenheit" gehören.

Eine andere Frage, die man sich stellen kann, ist folgende: Wie und wo ändert sich die Lösung z, wenn die Anfangsdaten, d.h. die Funktionen f und g, auf einer Teilstrecke MN von OL abgeändert werden, d.h. welches ist der *Einflußbereich* der Teilstrecke $MN = [\alpha, \beta]$? (siehe Abb. 16). Da sich die Funktion

$$g_1(x) = \int_0^x g(\xi)\, d\xi$$

für alle Werte von x ändert, die größer sind als α, scheint es zunächst so, als ob der in Frage stehende Einflußbereich derjenige Teil des Bestimmtheitsbereiches $OALB$ ist, der *rechts* von den durch den Punkt $M=(\alpha, 0)$ laufenden Charakteristiken liegt. Bedenkt man jedoch, daß zu der Funktion $g_1(x)$ für $x \geqq \beta$ lediglich eine additive Konstante hinzukommt, so stellt sich das Problem etwas einfacher dar. Bezeichnet man die jetzige Funktion, die $g(x)$ entspricht, mit $g^*(x)$ und setzt

$$\frac{1}{a}\int_\alpha^\beta [g^*(x) - g(x)]\, dx = 2c, \tag{2.6.5}$$

so sieht man unmittelbar, daß – abgesehen von den doppelt schraffierten Streifen in Abb. 16 – in den vier mit I, II, III und IV bezeichneten Bereichen dieser Abbildung in leichtverständlicher Bezeichnungsweise gilt:

$$\text{I)}\ F_1^* = F_1, \quad F_2^* = F_2; \qquad \text{II)}\ F_1^* = F_1 + c, \quad F_2^* = F_2;$$

$$\text{III)}\ F_1^* = F_1, \quad F_2^* = F_2 - c; \qquad \text{IV)}\ F_1^* = F_1 + c, \quad F_2^* = F_2 - c.$$

Infolgedessen ist dort also

$$\text{I)}\ z^* = z, \qquad \text{II)}\ z^* = z + c, \qquad \text{III)}\ z^* = z - c, \qquad \text{IV)}\ z^* = z. \tag{2.6.6}$$

Der Einflußbereich der Teilstrecke MN ist also der ganze irgendwie schraffierte Bereich in Abb. 16. Wird nur die Funktion f abgeändert oder ist $c=0$, so reduziert sich der Einflußbereich auf den doppeltschraffierten Streifen. Im Grenzfall $N \to M$ bleiben nur die vom Punkt M ausgehenden Charakteristiken übrig. In diesem Sinne ist auch die Redeweise zu verstehen: „*Störungen pflanzen sich entlang den Charakteristiken fort*“.

Mit der Lösungsformel (2.6.4) gelingt ohne weiteres die Berechnung der „Cauchyschen Daten“ (d.h. z und z_t) längs der im Dreieck OLA auf der Geraden $t=h$ liegenden Strecke CD (Abb. 17). Davon ausgehend kann man diese Daten auf das im Dreieck CDA liegende Stück EF einer anderen Geraden $t=h+k$, $k>0$, „transportieren“. Natürlich ergeben sich für die Cauchyschen Daten auf EF jeweils dieselben Werte unabhängig davon, ob sie nun direkt aus den

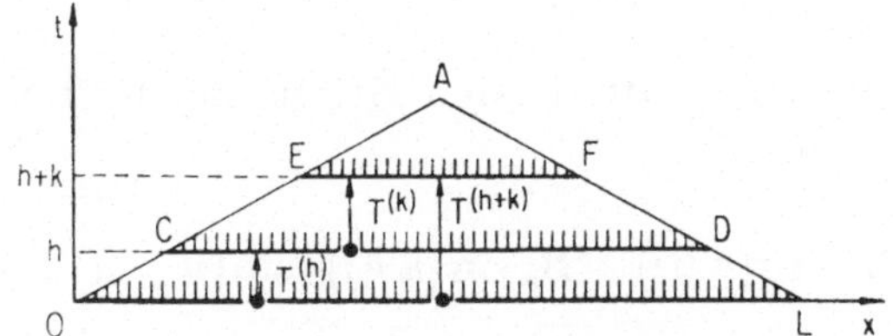

Abb. 17. Erläuterung des Huyghensschen Prinzips

Daten auf OL oder indirekt durch Zwischenschaltung von CD berechnet wurden. Bezeichnen wir symbolisch die Operation des Transports der Cauchyschen Daten von einer Strecke OL auf eine Strecke CD (wobei sich t um den Wert h vergrößert) mit $T^{(h)}$, so läßt sich der obige Sachverhalt in der symbolischen Beziehung

$$T^{(k)} \cdot T^{(h)} = T^{(h)} \cdot T^{(k)} = T^{(h+k)} \tag{2.6.7}$$

ausdrücken. In dieser Eigenschaft der Operation $T^{(h)}$ besteht das sogenannte *Huyghenssche Prinzip* für die Wellengleichung im Fall $n=1$. Es läßt sich ausdehnen auf alle Fälle, in denen *n ungerade* ist.

Das Anfangswertproblem für die Differentialgleichung (2.6.1) läßt sich auch mit Hilfe der Methode der Trennung der Veränderlichen behandeln. Mit dem Ansatz

$$z = X(x) \cdot T(t)$$

erhält man, wenn man die Trennungskonstante der Bequemlichkeit wegen mit $-k^2 n^2$ ($n=1, 2, \ldots$) bezeichnet, die elementaren gewöhnlichen Differentialgleichungen

$$T'' + k^2 n^2 T = 0, \qquad X'' + \frac{k^2 n^2}{a^2} X = 0.$$

Legen wir die häufig anzutreffende Randbedingung

$$z(0, t) = z(l, t) = 0 \tag{2.6.8}$$

zu Grunde, so erhalten wir als partikuläre Lösung unserer Gleichung

$$z_n(x, t) = [A_n \cos(n k t) + B_n \sin(n k t)] \sin\left(n \frac{k}{a} x\right), \tag{2.6.9}$$

wo A_n, B_n zwei willkürliche Konstanten bezeichnen. Wir werden zusätzlich noch

$$k = \frac{a \pi}{l}$$

setzen.

Wir versuchen nun, die beiden Bedingungen (2.6.2) durch eine Reihe

$$z = \sum_{n=1}^{\infty} [A_n \cos(n k t) + B_n \sin(n k t)] \sin\left(n \frac{\pi}{l} x\right) \tag{2.6.10}$$

zu befriedigen, die als nach t differenzierbar angenommen wird mit

$$z_t = \sum_{n=1}^{\infty} n k [-A_n \sin(n k t) + B_n \cos(n k t)] \sin\left(n \frac{\pi}{l} x\right). \tag{2.6.11}$$

Zieht man also (2.6.2) in Betracht, so gelangt man zu

$$f(x) = \sum_{n=1}^{\infty} A_n \sin\left(n \frac{\pi}{l} x\right), \qquad g(x) = \sum_{n=1}^{\infty} n k B_n \sin\left(n \frac{\pi}{l} x\right). \tag{2.6.12}$$

Zieht man nun die Theorie der Fourierschen Reihen (die hauptsächlich aus Betrachtungen wie den obigen hervorging) heran, so sieht man, daß man unter wenig einschränkenden Annahmen über die Funktionen f und g die in den Gleichungen (2.6.12) auftretenden Größen A_n und $n k B_n$ mit den entsprechenden Fourier-Koeffizienten identifizieren kann. Man gelangt so – unter Berücksichtigung von (2.6.10) – zu

$$A_n = \frac{2}{l} \int_0^l f(x) \sin\left(n \frac{\pi x}{l}\right) dx, \quad B_n = \frac{2}{n a \pi} \int_0^l g(x) \sin\left(n \frac{\pi x}{l}\right) dx. \tag{2.6.13}$$

Die Lösung (2.6.10) des Anfangswertproblems (2.6.8) für die Wellengleichung bietet hauptsächlich den Vorteil, daß sie aus *harmonischen Lösungen* (d.h. speziell Sinusfunktionen) mit den Frequenzen

$$\nu_1 = \frac{a}{2l}, \qquad \nu_2 = 2\nu_1, \qquad \nu_3 = 3\nu_1, \qquad \ldots$$

zusammengesetzt ist.

Das ist besonders nützlich, wenn die Gleichung (2.6.1) zur Untersuchung der Schwingungen einer gespannten *homogenen* Saite herangezogen wird, d.h. einer Saite, deren Dichte und Querschnitt konstant sind. Variieren dagegen die genannten Größen entlang der Saite, dann liegt eine „Wellengleichung" vor, in der die Größe a nicht mehr konstant, sondern eine Funktion von x, d.h. ortsabhängig ist. Auch bei diesem viel schwierigeren Problem läßt sich die Methode der Trennung der Veränderlichen anwenden; jedoch wird die Gleichung

$$X'' + \frac{k^2 n^2}{a^2} X = 0 \qquad (2.6.14)$$

jetzt im allgemeinen nicht mehr elementar integrierbar sein. Da noch die (2.6.8) entsprechenden Randbedingungen

$$X(0) = X(l) = 0 \qquad (2.6.15)$$

zu berücksichtigen sind, gelangt man so zu einem sogenannten *Sturm-Liouvilleschen Problem*, d.h. zu einem *Eigenwertproblem*, welches die in Frage kommenden Frequenzen $\nu_1, \nu_2, \nu_3, \ldots$ bestimmt.

Im Fall der Wellengleichung (2.6.1) läßt sich auch das sogenannte *Darbouxsche Problem* leicht lösen. Es bezieht sich auf die Bestimmung einer Lösung, welche auf gewissen Abschnitten der beiden von einem gewissen Punkt O ausgehenden Charakteristiken vorgeschriebene Werte annimmt.

Zur Behandlung des Problems ist es zweckmäßig, die Gleichung durch Einführung der charakteristischen Veränderlichen

$$\xi = x - a t, \qquad \eta = x + a t$$

auf ihre kanonische Form

$$\frac{\partial^2 z}{\partial \xi \, \partial \eta} = 0 \qquad (2.6.16)$$

zu bringen. Deren Lösungen sind alle von der Gestalt

$$z(\xi, \eta) = \varphi(\xi) + \psi(\eta), \qquad (2.6.17)$$

wo φ und ψ willkürliche differenzierbare Funktionen bezeichnen. Daraus folgt unmittelbar, daß die Lösung z im ganzen Rechteck

$OACB$ von Abb. 18 bestimmt ist, falls die Werte von z auf zwei Strecken OA und OB der Koordinatenachsen, die jetzt Charakteristiken sind, vorgegeben werden. Sind nämlich P_1 und P_2 die Projektionen eines Punktes P aus dem Rechteck auf die ξ- bzw. η-Achse, so hat man

$$z(P) = z(P_1) + z(P_2) - z(O). \tag{2.6.18}$$

Mit einer ähnlichen Formel kann man sogar einen Spezialfall des schwierigeren *Goursatschen Problems* lösen, welches entsteht, wenn

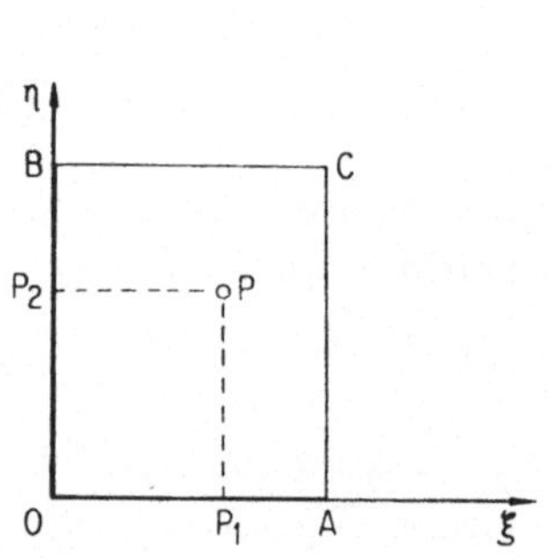

Abb. 18. Das Darbouxsche Problem

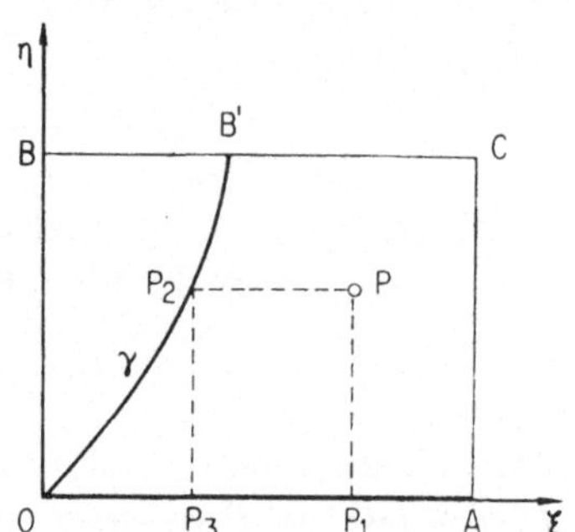

Abb. 19. Ein Spezialfall des Goursatschen Problems

die Daten nicht notwendig von Charakteristiken, sondern von allgemeineren Kurven getragen werden. Zum Beispiel wenn im obigen Darbouxschen Problem *eine* der beiden (auf Charakteristiken liegenden!) Strecken OA und OB, etwa OB, durch das Stück OB' auf einer gewissen von O ausgehenden Kurve γ ersetzt wird. Solange jede zwischen O und B verlaufende Parallele zur x-Achse γ in genau einem Punkt schneidet, gilt mit den Bezeichnungen von Abb. 19

$$z(P) = z(P_1) + z(P_2) - z(P_3), \tag{2.6.19}$$

wo alle auf der rechten Seite auftretenden Werte von z bekannt sind. Auch jetzt ist also die Lösung im ganzen Rechteck bestimmt.

Wird aber auch OA durch ein Stück einer allgemeinen Kurve ersetzt, dann ist ein Grenzübergang erforderlich, weil der Punkt P_3 nun im allgemeinen nicht mehr auf einer Kurve liegt, auf der die Werte von z vorgegeben sind.

2.7 Die Riemannsche Lösung des Anfangswertproblems für die hyperbolischen Differentialgleichungen

Nun wollen wir das grundlegende Anfangswertproblem für eine allgemeine, in kanonischer Form:

$$\mathfrak{L}[z] = z_{xy} + a(x, y)\, z_x + b(x, y)\, z_y + c(x, y)\, z = f(x, y) \qquad (2.7.1)$$

gegebene hyperbolische Differentialgleichung behandeln unter der Annahme, daß die Cauchyschen Daten auf einer „willkürlichen" (jedoch noch etwas einzuschränkenden) Kurve $\mathfrak{c}$ gegeben seien.

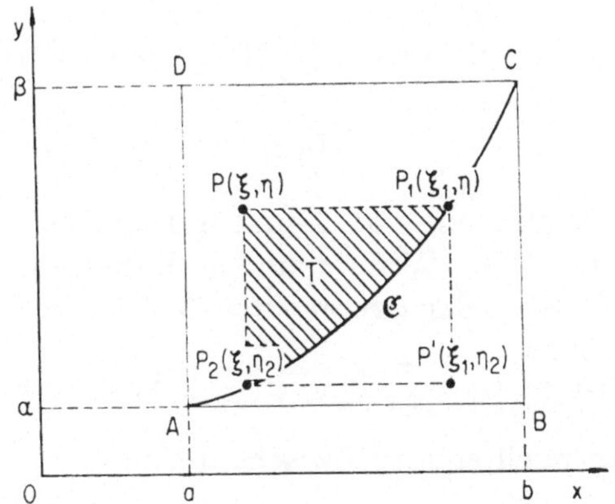

Abb. 20. Die Riemannsche Methode

Letztere soll die Eigenschaft haben, daß sie von jeder zu einer der Koordinatenachsen parallelen, zwischen den Punkten A und C (siehe Abb. 20) verlaufenden Geraden (Charakteristiken) genau einmal geschnitten wird. Die Kurve $\mathfrak{c}$ soll sich also in der Form

$$y = \varphi(x) \qquad (2.7.2)$$

darstellen lassen, wo $\varphi(x)$ als streng monoton und stetig vorausgesetzt wird. Nehmen wir insbesondere an, daß $\varphi(x)$ wachsend sei.

Die von Riemann stammende Methode, mit der wir hier das Problem behandeln wollen, verwendet neben dem Differentialausdruck $\mathfrak{L}[z]$ den *adjungierten Differentialausdruck*

$$\mathfrak{M}[u] = u_{xy} - \frac{\partial}{\partial x}(a\,u) - \frac{\partial}{\partial y}(b\,u) + c\,u$$
$$= u_{xy} - a\,u_x - b\,u_y + (c - a_x - b_y)\,u. \qquad (2.7.3)$$

Dann ist die Identität

$$u\,\mathfrak{L}[z]-z\,\mathfrak{M}[u]=\frac{\partial}{\partial x}\left[\frac{1}{2}(u\,z_y-z\,u_y)+a\,z\,u\right]$$
$$+\frac{\partial}{\partial y}\left[\frac{1}{2}(u\,z_x-z\,u_x)+b\,z\,u\right] \tag{2.7.4}$$

leicht zu verifizieren.

Sei $P=(\xi,\eta)$ ein Punkt des Rechtecks $ABCD$ (Abb. 20) und $P_1(\xi_1,\eta)$ und $P_2=(\xi,\eta_2)$ seine Projektionen[1] auf die Kurve $\mathfrak{c}$. Man beginnt nun mit einer Integration der Identität (2.7.4) über das Dreieck $T\equiv PP_1P_2$. Mit Hilfe des Gaußschen Integralsatzes ergibt sich

$$\iint\limits_T (u\,\mathfrak{L}[z]-z\,\mathfrak{M}[u])\,dx\,dy+\frac{1}{2}\oint\limits_\tau\Big[(u\,z_y-z\,u_y+2\,a\,z\,u)\frac{dx}{d\boldsymbol{n}}$$
$$+(u\,z_x-z\,u_x+2\,b\,z\,u)\frac{dy}{d\boldsymbol{n}}\Big]ds=0.$$

Dabei ist τ die Begrenzung von T und $\boldsymbol{n}$ der nach innen gerichtete Normaleneinheitsvektor. Wenn z und u Lösungen der gegebenen Gleichung (2.7.1) bzw. der *adjungierten Gleichung*

$$\mathfrak{M}[u]=u_{xy}-\frac{\partial}{\partial x}(a\,u)-\frac{\partial}{\partial y}(b\,u)+c\,u=0 \tag{2.7.5}$$

sind, erhält man nach einigen Zwischenrechnungen

$$\left.\begin{aligned}&\iint\limits_T u\,f(x,y)\,dx\,dy+\frac{1}{2}\int\limits_{P_2}^{P_1}\Big[(u\,z_y-z\,u_y+2\,a\,z\,u)\frac{dx}{d\boldsymbol{n}}\\&\qquad+(u\,z_x-z\,u_x+2\,b\,z\,u)\frac{dy}{d\boldsymbol{n}}\Big]ds\\&\qquad=-(u\,z)_P+\frac{1}{2}\left[(u\,z)_{P_1}+(u\,z)_{P_2}\right]\\&\qquad+\int\limits_P^{P_1}(b\,u-u_x)\,z\,dx-\int\limits_{P_2}^{P}(a\,u-u_y)\,z\,dy\end{aligned}\right\}. \tag{2.7.6}$$

Nun nehmen wir an, daß u speziell die *Riemannsche Funktion* $U(x,y;\xi,\eta)$ des Problems sei, d.h. jene Lösung[2] der adjungierten Gleichung (2.7.5), welche auf den von P ausgehenden Charakteristiken $y=\eta$ und $x=\xi$ folgende Werte annimmt:

[1] Als Projektionsstrahlen dienen dabei die beiden durch P gehenden Charakteristiken.

[2] Sie kann als Lösung eines Darbouxschen Problems bestimmt werden.

$$\left.\begin{aligned} u &= \exp\left[\int_{\xi}^{x} b(x,\eta)\,dx\right], \qquad y=\eta \\ u &= \exp\left[\int_{\eta}^{y} a(\xi,y)\,dy\right], \qquad x=\xi \end{aligned}\right\}. \tag{2.7.7}$$

Für eine derartige Funktion verschwinden die beiden letzten Integrale in (2.7.6). Diese Gleichung liefert dann die Lösung des Anfangswertproblems unter der Gestalt:

$$\left.\begin{aligned} z(\xi,\eta) &= \frac{1}{2}\left[(U z)_{P_1} + (U z)_{P_2}\right] - \iint_T U f(x,y)\,dx\,dy \\ &- \frac{1}{2}\int_{P_2}^{P_1}\Big[(U z_y - z U_y + 2 a z U)\frac{dx}{d\boldsymbol{n}} \\ &+ (U z_x - z U_x + 2 b z U)\frac{dy}{d\boldsymbol{n}}\Big]\,ds \end{aligned}\right\}. \tag{2.7.8}$$

Sind auf der Kurve $\mathfrak{c}$ die Cauchyschen Daten, etwa z und die Ableitung $dz/d\boldsymbol{n}$ gegeben, so können die beiden partiellen Ableitungen z_x und z_y aus dem System

$$z_x\frac{dx}{ds} + z_y\frac{dy}{ds} = \frac{dz}{ds}, \qquad z_x\frac{dx}{d\boldsymbol{n}} + z_y\frac{dy}{d\boldsymbol{n}} = \frac{dz}{d\boldsymbol{n}} \tag{2.7.9}$$

berechnet werden.

Der Bestimmtheitsbereich des Problems ist das Rechteck $ABCD$ und der Einflußbereich des Stücks P_2P_1 auf der Kurve $\mathfrak{c}$ das durch die von P_2 und P_1 ausgehenden Charakteristiken bestimmte Rechteck $PP_2P'P_1$ in Abb. 20.

Wie man sieht, hängt alles davon ab, ob man die Riemannsche Funktion U der gegebenen Gleichung bestimmen kann. Das gelingt in manchen wichtigen Fällen.

Betrachten wir z. B. die Euler-Poissonsche Differentialgleichung

$$\frac{\partial^2 z}{\partial x\,\partial y} - \frac{1}{x-y}\left(\beta'\frac{\partial z}{dx} - \beta\frac{\partial z}{\partial y}\right) = 0 \tag{2.7.10}$$

von Abschn. 2.4, deren Adjungierte

$$\frac{\partial^2 u}{\partial x\,\partial y} + \frac{1}{x-y}\left(\beta'\frac{\partial u}{dx} - \beta\frac{\partial u}{\partial y}\right) - \frac{\beta+\beta'}{(x-y)^2}\,u = 0 \tag{2.7.11}$$

ist. Die Gleichung (2.7.11) besitzt – von der Reihenfolge abgesehen – dieselben Invarianten wie die ursprüngliche. Also gibt es eine multiplikative Transformation, die die eine Gleichung in die andere überführt. In der Schreibweise von Abschn. 2.4 lautet die allgemeine Lösung der adjungierten Gleichung (2.7.11):

$$u = (x-y)^{\beta+\beta'}\, \mathfrak{Z}_{\beta,\beta'}(x,y). \tag{2.7.12}$$

Aus den Eigenschaften (2.4.6) und (2.4.7) der Euler-Poissonschen. Gleichung folgt, wenn auf x und y eine projektive Transformation (2.4.5) mit den Konstanten

$$a = c = 1, \qquad b = -\xi, \qquad d = -\eta$$

angewendet und der Homogenitätsgrad $\mu = -\beta$ gewählt wird, daß es Lösungen von (2.7.11) gibt, welche die Form

$$u = (x-y)^{\beta+\beta'}\,(\xi-y)^{-\beta}\,(x-\eta)^{-\beta'}\,\mathfrak{F}(\beta,\beta';1;\sigma)$$

haben, wobei

$$\sigma = \frac{(x-\xi)\,(y-\eta)}{(x-\eta)\,(y-\xi)} \tag{2.7.13}$$

gesetzt wird. Endlich überzeugt man sich leicht, daß sich für $\mathfrak{F} = F$ so gerade die Riemannsche Funktion ergibt. Man hat also

$$U(x,y;\xi,\eta) = (x-y)^{\beta+\beta'}\,(\xi-y)^{-\beta}\,(x-\eta)^{-\beta'}\,F(\beta,\beta';1;\sigma), \tag{2.7.14}$$

wobei die zulässigen Werte von β und β' noch Einschränkungen unterworfen sind, welche sich aus der Forderung ergeben, daß die vorher betrachteten Integrale existieren sollen.

Die Riemannsche Funktion kann ebenfalls explizit bestimmt werden bei der sogenannten *Telegraphengleichung*:

$$\frac{\partial^2 z}{\partial x\,\partial y} + k\,z = f(x,y), \tag{2.7.15}$$

wo k eine positive Konstante bezeichnet. Man versucht, diese *selbstadjungierte* (d.h. mit ihrer Adjungierten zusammenfallende) Gleichung durch eine Funktion der einzigen Veränderlichen

$$\lambda = 2\sqrt{k\,(x-\xi)\,(y-\eta)}$$

zu erfüllen, was zur Besselschen Gleichung (Abschn. 1.12) mit $\nu = 0$ führt. Man sieht so leicht, daß in diesem Fall

$$U(x,y;\xi,\eta) = J_0(\lambda) = J_0\left[2\sqrt{k(x-\xi)\,(y-\eta)}\right] \tag{2.7.16}$$

die Riemannsche Funktion ist.

2.8 Numerische Behandlung des Darbouxschen und Cauchyschen Problems mit Hilfe des Differenzenverfahrens

Zuerst wollen wir zeigen, wie sich das *Darbouxsche Problem* (Abschn. 2.6) mit dem Differenzenverfahren behandeln läßt. Dazu ist es zweckmäßig, statt einer Gleichung zweiter Ordnung wie etwa (2.2.4) ein hyperbolisches kanonisches System der Form

$$u_x = F(x, y, u, v), \qquad v_y = G(x, y, u, v) \tag{2.8.1}$$

zu betrachten, womit (nach Abschn. 2.2) zugleich ein Problem von etwas größerer Allgemeinheit behandelt wird.

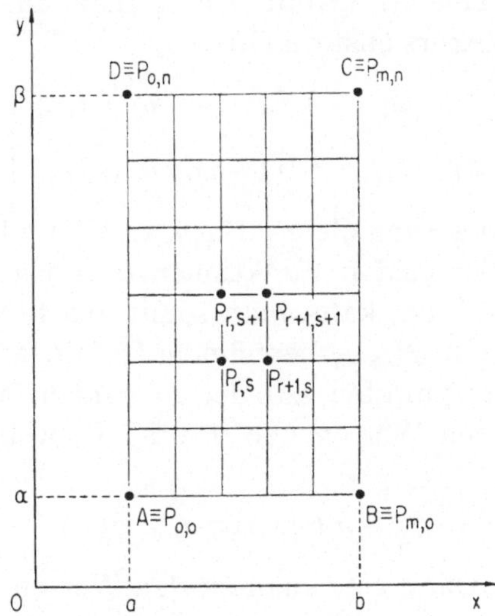

Abb. 21. Numerische Lösung des Darbouxschen Problems mit Hilfe des Differenzenverfahrens

Es handelt sich darum, eine Lösung (u, v) des Systems in einem von vier Charakteristiken $x = a$, $x = b$, $y = \alpha$, $y = \beta$ begrenzten Rechteck $ABCD$ (Abb. 21) der (x, y)-Ebene so zu bestimmen, daß u auf AD und v auf AB vorgeschriebene Werte

$$u(a, y) = f(y), \qquad v(x, \alpha) = g(x) \tag{2.8.2}$$

annehmen.

Der erste Schritt besteht darin, das Rechteck $ABCD$ in kongruente kleine Rechtecke zu zerlegen, indem man die Strecke AB in eine passende Anzahl m von Teilstrecken der Länge $(b - a)/m = h$ und die

Strecke AD entsprechend in n Teilstrecken der Länge $(\beta-\alpha)/n = k$ zerlegt. Die auf diese Weise entstandenen Gitterpunkte $P_{r,s}$ werden so numeriert, daß diejenigen, die auf einer Parallelen zur y-Achse liegen, den gleichen (ersten) Index r ($r = 0, 1, \ldots, m$) haben, während alle Gitterpunkte auf einer Parallelen zur x-Achse im (zweiten) Index s ($s = 0, 1, \ldots, n$) übereinstimmen. Nun werden die beiden Ableitungen u_x und v_y durch die entsprechenden Differenzquotienten

$$\frac{u(P_{r+1,s}) - u(P_{r,s})}{h} \quad \text{bzw.} \quad \frac{v(P_{r,s+1}) - v(P_{r,s})}{k}$$

(wobei die Abkürzungen $P_{r,s} = (x_r, y_s)$ und $x_r = a + r\,h$, $y_s = \alpha + s\,k$ benutzt wurden) ersetzt. Damit erhält man aus den gegebenen Gleichungen die Rekursionsformeln

$$\left.\begin{aligned} u_{r+1,s} &= u_{r,s} + h\,F(x_r, y_s, u_{r,s}, v_{r,s}) \\ v_{r,s+1} &= v_{r,s} + k\,G(x_r, y_s, u_{r,s}, v_{r,s}) \end{aligned}\right\}. \tag{2.8.3}$$

Hierin stehen die Symbole $u_{r,s}$ für $u(x_r, y_s)$ und $v_{r,s}$ für $v(x_r, y_s)$. Wenn die Werte der beiden Funktionen u und v in einem Gitterpunkt $P_{r,s}$ bekannt sind, kann man somit aus (2.8.3) u im Gitterpunkt $P_{r+1,s}$ und v in $P_{r,s+1}$ berechnen. Damit lassen sich u und v in sämtlichen Gitterpunkten auf der folgenden Weise berechnen: Man beginnt mit den Werten von u auf AB, welche sich aus den Formeln

$$u_{0,0} = f(\alpha), \quad u_{r+1,0} = u_{r,0} + h\,F[x_r, \alpha, u_{r,0}, g(x_r)], \quad r = 0, 1, \ldots, m-1$$

bestimmen lassen. Dann geht man zu den Werten $v_{r,1}$ über, die aus den Beziehungen

$$v_{r,1} = g(x_r) + k\,G\,[x_r, \alpha, u_{r,0}, g(x_r)]$$

ermittelt werden. Es folgt die Berechnung der Werte von u in den Gitterpunkten der Geraden $y = y_1$ durch die Formeln

$$u_{0,1} = f(y_1), \quad u_{r+1,1} = u_{r,1} + h\,F(x_r, y_1, u_{r,1}, v_{r,1})\,;$$

ähnlich:

$$\begin{aligned} v_{r,2} &= v_{r,1} + k\,G(x_r, y_1, u_{r,1}, v_{r,1}) \\ u_{0,2} &= f(y_2), \quad u_{r+1,2} = u_{r,2} + h\,F(x_r, y_2, u_{r,2}, v_{r,2}) \\ v_{r,3} &= v_{r,2} + k\,G(x_r, y_2, u_{r,2}, v_{r,2}) \\ &\ldots\ldots\ldots\ldots\ldots\ldots\ldots\ldots \end{aligned}$$

Auf diese Weise werden alle Werte von u und v Zeile für Zeile bestimmt. Natürlich kann man die Berechnung auch Spalte für Spalte durchführen. Um eine Rechenkontrolle zu haben, ist es ratsam, beide Möglichkeiten zu benutzen. Zur spaltenweisen Berechnung dienen die Formeln

$$v_{0,0} = g(a), \quad v_{0,s+1} = v_{0,s} + k\,G[a, y_s, f(y_s), v_{0,s}], \quad s = 0, 1, \ldots, n-1$$
$$u_{1,s} = f(y_s) + h\,F[a, y_s, f(y_s), v_{0,s}]$$
$$v_{1,0} = g(x_1), \quad v_{1,s+1} = v_{1,s} + k\,G(x_1, y_s, u_{1,s}, v_{1,s})$$
$$u_{2,s} = u_{1,s} + h\,F(x_1, y_s, u_{1,s}, v_{1,s})$$
$$v_{2,0} = g(x_2), \quad v_{2,s+1} = v_{2,s} + k\,G(x_2, y_s, u_{2,s}, v_{2,s})$$
$$u_{3,s} = u_{2,s} + h\,F(x_2, y_s, u_{2,s}, v_{2,s})$$

. . . .

Diese Methode kann auch zum Beweis des *Existenz- und Eindeutigkeitssatzes für das Darbouxsche Problem* verwendet werden. Dafür hat man in geeigneter Weise zur Grenze $m, n \to \infty$ überzugehen. Weil sich aus den obigen Formeln ergibt, daß

$$\left.\begin{aligned} u_{r,s} &= f(y_s) + h \cdot \sum_{i=0}^{r-1} F(x_i, y_s, u_{i,s}, v_{i,s}) \\ v_{r,s} &= g(x_r) + k \cdot \sum_{j=0}^{s-1} G(x_r, y_j, u_{r,j}, v_{r,j}) \end{aligned}\right\} \qquad (2.8.4)$$

gilt, sieht man leicht, daß die Grenzfunktionen u und v die Integralgleichungen

$$\left.\begin{aligned} u(x, y) &= f(y) + \int_a^x F[\xi, y, u(\xi, y), v(\xi, y)]\, d\xi \\ v(x, y) &= g(x) + \int_\alpha^y G[x, \eta, u(x, \eta), v(x, \eta)]\, d\eta \end{aligned}\right\} \qquad (2.8.5)$$

befriedigen, welche den vorgelegten Gleichungen (2.8.1) und den Randbedingungen (2.8.2) im wesentlichen äquivalent sind.

Die numerische Behandlung des Cauchyschen Problems für das System (2.8.1), d.h. die Bestimmung derjenigen Lösung (u, v), welche auf einer „willkürlichen" Kurve $\mathfrak{c}$ (vgl. Abschn. 2.7) vorgeschriebene Werte annimmt, ist nicht so ganz einfach, weil eine solche Kurve im allgemeinen nicht durch die Punkte eines Gitters aus kongruenten Rechtecken (siehe Abb. 21) hindurchgeht. Es liegt deshalb nahe, auf die Kongruenz der Teilrechtecke zu verzichten. Man zerlegt die Kurve $\mathfrak{c} \equiv AC$ nun durch die Punkte $P_{0,0} = A$, $P_{1,1}, P_{2,2}, \ldots, P_{n-1,n-1}\, P_{n,n} = C$ in annähernd gleiche Teile (Abb. 22).

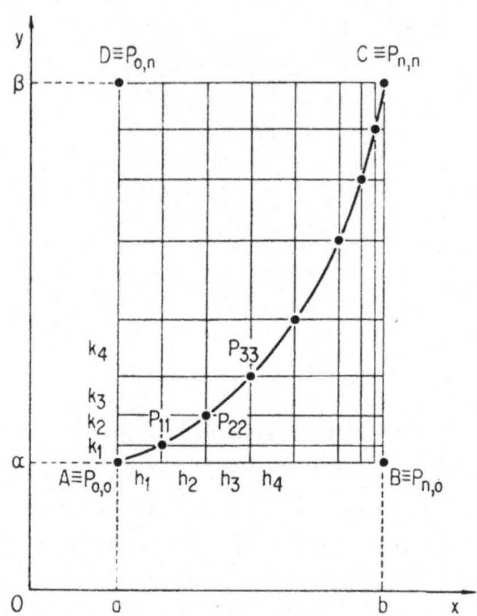

Abb. 22. Numerische Lösung des Cauchyschen Problems mit Hilfe des Differenzenverfahrens

Dann werden durch diese Punkte die Parallelen zu den beiden Achsen gezogen. Die dadurch entstehenden Gitterpunkte werden analog zur obigen Konstruktion mit $P_{0,0} = A$, $P_{1,0}, \ldots, P_{n,0} = B$; $P_{0,1}, P_{1,1}, \ldots, P_{n,1}; \ldots; P_{n,0} = D$, $P_{n,1}, \ldots, P_{n,n} = C$ bezeichnet. Statt konstanter Maschenweiten werden wir jetzt im allgemeinen in Richtung der x-Achse solche der Größen $h_1, h_2, \ldots, h_n$ und in Richtung der y-Achse entsprechend solche der Größen $k_1, k_2, \ldots k_n$ erhalten. Deshalb sind die Formeln (2.8.3) hier durch

$$\left.\begin{aligned} u_{r+1,s} &= u_{r,s} + h_{r+1} F(x_r, y_s, u_{r,s}, v_{r,s}) \\ v_{r,s+1} &= v_{r,s} + k_{s+1} G(x_r, y_s, u_{r,s}, v_{r,s}) \end{aligned}\right\} \tag{2.8.6}$$

zu ersetzen. Aus ihnen folgt

$$\left.\begin{aligned} u_{r-1,s} &= u_{r,s} - h_r F(x_r, y_s, u_{r,s}, v_{r,s}) \\ v_{r,s-1} &= v_{r,s} - k_s G(x_r, y_s, u_{r,s}, v_{r,s}) \end{aligned}\right\}. \tag{2.8.7}$$

Die erste der Beziehungen in (2.8.6) und die in der Form

$$v_{r+1,s} = v_{r+1,s+1} - k_{s+1}\, G(x_{r+1}, y_{s+1}, u_{r+1,s+1}, v_{r+1,s+1})$$

geschriebene zweite Beziehung aus (2.8.7) zeigen, daß die Kenntnis der Werte der beiden Funktionen u und v in den Gitterpunkten $P_{0,0}, P_{1,1}, \ldots, P_{n-1,n-1}, P_{n,n}$ hinreicht, um die Werte dieser Funktionen in den benachbarten Gitterpunkten $P_{0,1}, P_{1,2}, \ldots, P_{n-1,n}$ zu bestimmen. Von hier geht man über zu $P_{0,2}, P_{1,3} \ldots, P_{n-2,n}$ usw., bis man schließlich zum Punkt $P_{0,n} = D$ gelangt. Mit ähnlichen Rechnungen, die sich auf die zweite Gleichung in (2.8.6) und die erste in (2.8.7) stützen, ermittelt man die gesuchten Werte in den Gitterpunkten unterhalb der Kurve $\mathfrak{c}$.

Das obige Verfahren ist so anpassungsfähig, daß man es auch auf ein hyperbolisches *nichtkanonisches System* (2.2.5), d.h. auf ein System der Form

$$\left.\begin{aligned} a_{11}(x,y)\,u_x + a_{12}(x,y)\,u_y + a_{13}(x,y)\,v_x \qquad & \\ + a_{14}(x,y)\,v_y = h_1(x,y,u,v) & \\ a_{21}(x,y)\,u_x + a_{22}(x,y)\,u_y + a_{23}(x,y)\,v_x \qquad & \\ + a_{24}(x,y)\,v_y = h_2(x,y,u,v) & \end{aligned}\right\} \qquad (2.8.8)$$

anwenden kann. Zuerst wollen wir annehmen, daß die Integration der Charakteristikengleichung (2.2.7) gelungen sei, so daß wir imstande sind, die von einem Punkt ausgehenden Charakteristiken genau zu zeichnen. In diesem Fall läßt sich leicht ein (im allgemeinen) *krummliniges* Gitter konstruieren, das demjenigen von Abb. 22 entspricht. Dazu zerlegen wir zunächst die Kurve $\mathfrak{c} = AC$ wie oben durch die Punkte $(0,0) = A$, $(1,1)$, $(2,2)$, $\ldots$, $(n,n) = C$ [1] in n Teile und zeichnen dann die von diesen Punkten ausgehenden Charakteristiken (Abb. 23). Um die Werte der unbekannten Funktionen u und v in den einzelnen Gitterpunkten zu berechnen, können wir aber keine Formeln von der Art (2.8.6) oder (2.8.7) verwenden, weil die Ableitungen in den Richtungen der Charakteristiken durch das System nicht explizit gegeben werden. Wir haben offensichtlich statt dessen die Verträglichkeitsbedingungen auf den Charakteristiken

---

[1] Der Einfachheit halber bezeichnen wir einen Gitterpunkt jetzt mit (r, s) statt wie früher mit $P_{r,s}$.

(2.2.11) zu benutzen. Nach Ersetzung der Ableitungen durch die entsprechenden Differenzenquotienten erhalten wir aus (2.2.11) ein lineares System, mit dem wir die Werte von u und v, ausgehend von den Gitterpunkten $(0,0)$, $(1,1)$, ..., (n,n), wie oben sukzessive in den Punkten $(0,1)$, $(1,2)$, ..., $(n-1, n)$, anschließend in $(0,2)$, $(1,3)$, ..., $(n-2, n)$ usw. ermitteln können.

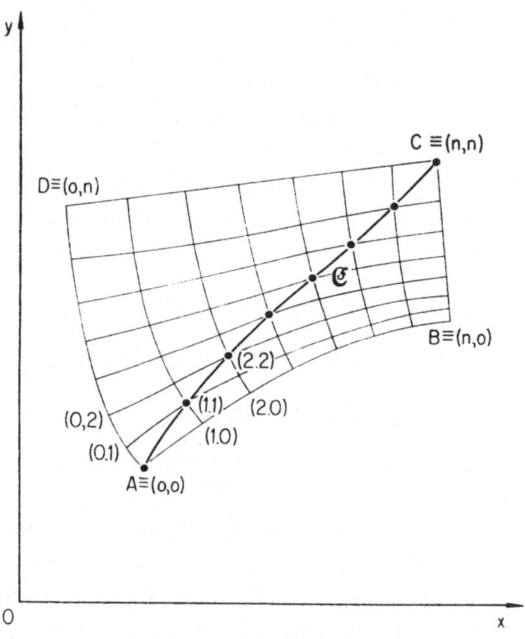

Abb. 23. Numerische Lösung des Cauchyschen Problems für ein nichtkanonisches System

Unter der Annahme, daß die zwei von einem gewissen Punkte P ausgehenden Charakteristiken durch (hier bekannte) Gleichungen der Form

$$x = \alpha_1(t, k), \quad y = \beta_1(t, k), \quad x = \alpha_2(\tau, k), \quad y = \beta_2(\tau, k)$$

(wo k eine von P abhängende Konstante ist) dargestellt seien und unter Benutzung der in Abschn. 2.2 eingeführten Größen D_{12}, D_{13}, ..., H_1, H_2 ergibt sich das angekündigte System in der Gestalt (der zusätzlich eingeführte obere Doppelindex (r, s) beziehe sich auf den Gitterpunkt (r, s), in welchem die indizierte Größe berechnet wird:

$$\left.\begin{aligned}
&D_{12}^{(r+1,r+1)}\,\alpha_1'(t_{r+1})\,\frac{u_{r+1,r}-u_{r+1,r+1}}{t_{r+1,r}-t_{r+1,r+1}}\\
&+\left[D_{13}^{(r+1,r+1)}\,\beta_1'(t_{r+1})-D_{23}^{(r+1,r+1)}\,\alpha_1'(t_{r+1})\right]\frac{v_{r+1,r}-v_{r+1,r+1}}{t_{r+1,r}-t_{r+1,r+1}}\\
&=\alpha_1'(t_{r+1})\left[H_1^{(r+1,r+1)}\,\beta_1'(t_{r+1})-H_2^{(r+1,r+1)}\,\alpha_1'(t_{r+1})\right]\\
&D_{12}^{(r,r)}\,\alpha_2'(\tau_r)\,\frac{u_{r+1,r}-u_{r,r}}{\tau_{r+1,r}-\tau_{r,r}}\\
&+\left[D_{13}^{(r,r)}\,\beta_2'(\tau_r)-D_{23}^{(r,r)}\,\alpha_2'(\tau_r)\right]\frac{v_{r+1,r}-v_{r,r}}{\tau_{r+1,r}-\tau_{r,r}}\\
&=\alpha_2'(\tau_r)\left[H_1^{(r,r)}\,\beta_2'(\tau_r)-H_2^{(r,r)}\,\alpha_2'(\tau_r)\right]
\end{aligned}\right\}. \tag{2.8.9}$$

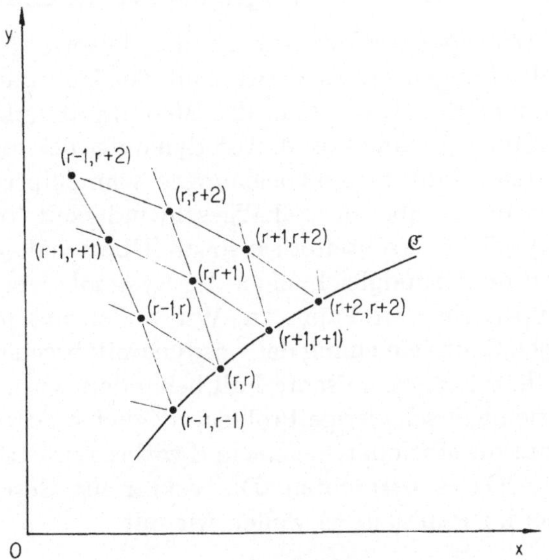

Abb. 24. Massausche Gitterkonstruktion

Man kann beweisen, daß die Koeffizientendeterminante der beiden Unbekannten $u_{r+1,r}$ und $v_{r+1,r}$ von Null verschieden ist.

Es sei zuletzt bemerkt, daß die obige Methode auch dann noch anwendbar ist, wenn die explizite Integration der Charakteristiken entweder nicht gelingt oder auf allzu komplizierte Ausdrücke führt.

In diesen Fällen wird an Stelle eines *exakten* ein *angenähertes* Charakteristikengitter konstruiert, dessen Maschen geradlinige Seiten haben. Bei dieser sogenannten *Massauschen Gitterkonstruktion* werden in jedem Gitterpunkt statt der Charakteristiken Geraden gezeichnet, welche die von den Charakteristikengleichungen her bekannten Steigungswinkel haben. Diese Geraden laufen dabei bis zum nächsten Schnittpunkt, der als neuer Gitterpunkt dient. Wie oben beginnt man mit den Punkten auf $\mathfrak{c}$ (Abb. 24). In den Gleichungen (2.8.9) wird die Abszisse x als der auf den Charakteristiken laufende Parameter betrachtet; weiter werden die Differenzen $t_{r+1,r} - t_{r,r}$ und $\tau_{r+1,r} - \tau_{r,r}$ durch $x_{r+1,r} - x_{r,r}$, α_1' und α_2' durch Eins, endlich β_1' und β_2' durch die entsprechenden Steigungen der Charakteristiken ersetzt.

2.9 Die Grundgleichungen der Gasdynamik

Zu den wichtigsten Anwendungen der Theorie der partiellen Differentialgleichungen zählt die Mechanik der Kontinua, insbesondere die Gasdynamik. Kann man das Medium als inkompressibel betrachten (Hydrodynamik und Aerodynamik bei niedrigen Geschwindigkeiten), dann treten Gleichungen vom elliptischen Typus auf. Nähert man sich aber der Schallgeschwindigkeit (transsonische Gasdynamik) oder überschreitet sie sogar (Überschallgasdynamik), dann gehören die Grundgleichungen des Systems dem gemischten bzw. dem hyperbolischen Typus an. Wir wollen uns jetzt mit der hyperbolischen Grundgleichung der Gasdynamik beschäftigen, während später (in § 4) der gemischte Fall behandelt wird.

Um das ziemlich schwierige Problem möglichst zu vereinfachen, werden wir nur die stationäre, ebene und wirbelfreie Strömung eines kompressiblen Gases betrachten. Die vektorielle Geschwindigkeit einer Partikel im Punkt (x, y) wollen wir mit

$$\boldsymbol{v} = v_1(x, y)\, \boldsymbol{i} + v_2(x, y)\, \boldsymbol{j} \tag{2.9.1}$$

bezeichnen. Die Voraussetzung der *Wirbelfreiheit* führt zur Gleichung

$$\frac{\partial v_1}{\partial y} - \frac{\partial v_2}{\partial x} = 0, \tag{2.9.2}$$

während die Erhaltung der Masse der durch „irgendeine" geschlossene Kurve ein- und ausströmenden Flüssigkeit die *Kontinuitätsgleichung*

$$\operatorname{div}(\varrho\,\boldsymbol{v}) = \frac{\partial(\varrho\,v_1)}{\partial x} + \frac{\partial(\varrho\,v_2)}{\partial y} = 0 \tag{2.9.3}$$

liefert, wo ϱ die (im allgemeinen veränderliche) Gasdichte bedeutet. Ist es insbesondere gestattet, ϱ als konstant anzusehen (Hydrodynamik und – mit einigen Einschränkungen – Unterschallgasdynamik), dann genügen die beiden letzten Gleichungen, um (zusammen mit den Randbedingungen) die Bewegung zu charakterisieren. Die Gleichung (2.9.3) lautet nämlich in diesem Fall

$$\frac{\partial v_1}{\partial x} + \frac{\partial v_2}{\partial y} = 0 \tag{2.9.4}$$

und die Gleichungen (2.9.2) und (2.9.4) sind nichts anderes als die Cauchy-Riemannschen Differentialgleichungen für die „komplexe Geschwindigkeit"

$$w = v_1(x, y) - i\,v_2(x, y)\,,$$

welche also eine analytische Funktion der komplexen Veränderlichen

$$z = x + i\,y$$

ist. Daraus folgt, daß sowohl v_1 als auch v_2 Lösungen der *Laplaceschen Differentialgleichung*

$$\frac{\partial^2 u}{\partial x^2} + \frac{\partial^2 u}{\partial y^2} = 0$$

sein müssen, einer Gleichung, welche der Prototyp der Gleichung vom elliptischen Typus ist.

Ist dagegen ϱ veränderlich (*kompressible Strömung*), dann genügen die Gleichungen (2.9.2) und (2.9.3) nicht mehr, um das Problem zu behandeln. Man muß in diesem Fall noch das sogenannte *Bernoullische Integral*

$$\frac{1}{2}\,v^2 + \int_{p_0}^{p} \frac{1}{\varrho}\,d p = 0 \tag{2.9.5}$$

heranziehen, wo $v = |\,\boldsymbol{v}\,|$ den Betrag der Geschwindigkeit, p und p_0 den Gasdruck bzw. seinen Wert im Ruhezustand $(v = 0)$ bedeuten. Da nun aber die neue Veränderliche p eingeführt wurde, ist noch eine weitere Gleichung erforderlich: die sogenannte *Adiabatengleichung*, die für ideale Gase die Form

$$\frac{p}{p_0} = \left(\frac{\varrho}{\varrho_0}\right)^{\varkappa} \tag{2.9.6}$$

hat, wo ϱ_0 die Dichte bei $v = 0$ und $\varkappa = c_p/c_v$ das konstante Verhältnis der beiden spezifischen Wärmen des Gases bedeuten (für Luft ist $\varkappa$ ungefähr gleich 7/5).

Das System der vier Gleichungen (2.9.2), (2.9.3), (2.9.5) und (2.9.6) mit den vier unbekannten Funktionen v_1, v_2, p und ϱ beherrscht das Problem der Gasdynamik. U.a. stellt die erste Gleichung die Existenz eines *Geschwindigkeitspotentials* $\varphi(x,y)$ sicher, dessen Ableitungen φ_x und φ_y die beiden Geschwindigkeitskomponenten v_1 und v_2 sind. Entsprechend folgt aus der nächsten Gleichung die Existenz einer *Stromfunktion* $\psi(x,y)$, deren Ableitungen mit den Geschwindigkeitskomponenten durch die Gleichungen

$$\frac{\partial \psi}{\partial x} = -\varrho\, v_2, \qquad \frac{\partial \psi}{\partial y} = \varrho\, v_1$$

verknüpft sind. Bezeichnen wir mit ϱ_* die Dichte in einem gewissen bald zu präzisierenden *kritischen Zustand* und multiplizieren wir ψ mit einem unwesentlichen konstanten Faktor, so können wir die Grundgleichungen der betrachteten kompressiblen Strömung auch in der Form

$$\frac{\partial \varphi}{\partial x} = \frac{\varrho_*}{\varrho} \cdot \frac{\partial \psi}{\partial y} = v_1, \qquad \frac{\partial \varphi}{\partial y} = -\frac{\varrho_*}{\varrho} \cdot \frac{\partial \psi}{\partial x} = v_2 \tag{2.9.7}$$

schreiben.

Wird die Funktion ψ aus diesen beiden Gleichungen unter Berücksichtigung von (2.9.5) und (2.9.6) eliminiert, dann ergibt sich für das Geschwindigkeitspotential φ die quasilineare Gleichung zweiter Ordnung

$$(\varphi_x^2 - a^2)\,\varphi_{xx} + 2\,\varphi_x\,\varphi_y\,\varphi_{xy} + (\varphi_y^2 - a^2)\,\varphi_{yy} = 0, \tag{2.9.8}$$

wo a keine Konstante, sondern die *lokale Schallgeschwindigkeit* bezeichnet, welche durch die Formel

$$a = \sqrt{\frac{\varkappa p}{\varrho}} \tag{2.9.9}$$

gegeben wird und eine Funktion des Betrages

$$v = \sqrt{\varphi_x^2 + \varphi_y^2}$$

der Geschwindigkeit ist. Die Diskriminante Δ (Abschn. 2.1) der Gleichung (2.9.8) ist

$$\Delta = \varphi_x^2\,\varphi_y^2 - (\varphi_x^2 - a^2)\,(\varphi_y^2 - a^2) = a^2\,(v^2 - a^2). \tag{2.9.10}$$

Hieraus ergibt sich die ganz wichtige Tatsache, daß *die Gleichung für das Geschwindigkeitspotential für Überschall* ($v > a$) *hyperbolisch und für Unterschall* ($v < a$) *elliptisch ist, während in der Umgebung des „kritischen Zustandes“* $v = a$ *der gemischte Typus vorliegt.* Hieraus sowie aus der Nichtlinearität der Gleichung (2.9.8) (bzw. der entsprechenden Gleichung für ψ) resultieren die Schwierigkeiten der theoretischen Gasdynamik.

Das Quadrat der Schallgeschwindigkeit a als Funktion von v^2 ist gleich

$$a^2 = \frac{\varkappa - 1}{2}(v_M^2 - v^2), \tag{2.9.11}$$

wo v_M die *maximale Geschwindigkeit* der betrachteten Strömung bedeutet. Letztere ist eine Konstante, die Gleichung (2.9.5) zufolge den Wert

$$v_M^2 = 2\int_0^{p_0} \frac{1}{\varrho}\, dp \tag{2.9.12}$$

hat. Man findet für die Geschwindigkeit $v_* = a_*$[1] im kritischen Zustand die Formel

$$\frac{v_M^2}{v_*^2} = \frac{\varkappa + 1}{\varkappa - 1}, \tag{2.9.13}$$

deren rechte Seite für Luft ungefähr den Wert 6 besitzt. Weiter hat man

$$v^2 - a^2 = \frac{\varkappa + 1}{2}(v^2 - v_*^2), \tag{2.9.14}$$

was zeigt, daß der kritische Zustand entweder durch die Gleichung $v = a$ (deren beide Seiten veränderlich sind) oder durch $v = v_*$ (mit einer konstanten rechten Seite) charakterisiert werden kann.

Die große Schwierigkeit der Nichtlinearität der Grundgleichung der Gasdynamik kann ohne willkürliche Vereinfachungen überwunden werden. Dafür muß man jedoch den großen Nachteil des Übergangs von der *„physikalischen“* (x, y)-Ebene zur *„Hodographenebene“*, deren kartesische Koordinaten die Geschwindigkeitskomponenten $v_1 = \varphi_x$ und $v_2 = \varphi_y$, deren Polarkoordinaten der Betrag v der Geschwindigkeit und der Neigungswinkel ϑ des Geschwindigkeitsvektors sind, in Kauf nehmen. (Die Übergangsformeln können nämlich nur dann aufgeschrieben werden, falls φ bekannt, d.h. das

---

[1] Wir werden die Werte sämtlicher Größen *im kritischen Zustand* mit einem *Sternchen* kennzeichnen.

Problem schon gelöst ist.) Davon abgesehen, kann die Linearisierung sogar auf zwei verschiedene Weisen erfolgen.

Ein erster Weg ist die *Legendre-Transformation*, d.h. die Ersetzung von φ durch die neue unbekannte Funktion (das „konjugierte" Potential)

$$\Phi = x\,\varphi_x + y\,\varphi_y - \varphi. \tag{2.9.15}$$

Man findet für Φ die lineare Differentialgleichung

$$v^2\,\Phi_{vv} + (1-M^2)\,\Phi_{\vartheta\vartheta} + (1-M^2)\,v\,\Phi_v = 0, \tag{2.9.16}$$

wo

$$M = \frac{v}{a} = \sqrt{\frac{2}{\varkappa-1}\,\frac{v^2}{v_M^2 - v^2}} \tag{2.9.17}$$

die wichtige *Machsche Zahl* bedeutet.

Der zweite Weg geht über die *Molenbroek-Transformation*. Er wird in Abschn. 4.2 behandelt.

Hier wollen wir noch auf die Tatsache aufmerksam machen, daß die Charakteristiken von (2.9.16) feste Kurven der Hodographenebene sind, d.h. Kurven, die ein für allemal gezeichnet werden können, sobald der Wert von $\varkappa$ bekannt ist. Die Charakteristikengleichung für (2.9.16) lautet nämlich

$$v^2\,d\vartheta^2 - (M^2-1)\,dv^2 = 0. \tag{2.9.18}$$

Sie ist trennbar und hat als allgemeine Lösung

$$\pm(\vartheta-\vartheta_0) = \sqrt{\frac{\varkappa+1}{\varkappa-1}}\,\mathrm{arc\,tg}\sqrt{\frac{v^2-v_*^2}{v_M^2-v^2}} - \mathrm{arc\,tg}\sqrt{\frac{\varkappa+1}{\varkappa-1}\,\frac{v^2-v_*^2}{v_M^2-v^2}}, \tag{2.9.19}$$

wo ϑ_0 eine willkürliche Konstante bedeutet. Das Bild dieser Kurven findet man in vielen Büchern, z.B. in SAUER [1], S. 101 (siehe Literaturverzeichnis). Es handelt sich um Epizyklen, welche vollständig im Kreisring

$$v_* \leqq v \leqq v_M \tag{2.9.20}$$

verlaufen. Auf dem inneren Grenzkreis $v = v_*$ haben sie Spitzen, während sie den äußeren Grenzkreis $v = v_M$ berühren.

2.10 Unstetige Lösungen von Anfangswertproblemen

Bei einer eingehenden Untersuchung des in den vorhergehenden Abschnitten summarisch behandelten Anfangswertproblems für lineare hyperbolische Differentialgleichungen mit zwei unabhängigen Veränderlichen kommt man zum folgenden Ergebnis: Unter wenig einschränkenden Bedingungen gibt es eine und nur eine Lösung z der Gleichung, welche auf einer „willkürlichen", nichtcharakteristischen Kurve $\mathfrak{c}$ zusammen mit *einer* ihrer partiellen Ableitungen erster Ordnung, p oder q, vorgeschriebene „willkürliche" Werte annimmt. (Man kann aber auch die Werte von p und q vorgeben, da dann die Streifenbedingung $p\,dx + q\,dy = dz$ die Werte von z auf $\mathfrak{c}$ (abgesehen von einer Konstanten) bestimmt. Wir haben gesehen, wie diese Lösung z. B. mit der Riemannschen Methode oder dem Differenzenverfahren sowohl oberhalb wie auch unterhalb von $\mathfrak{c}$ bestimmt werden kann.

Offensichtlich kann uns nichts daran hindern, bei der Berechnung von z ober- oder unterhalb von $\mathfrak{c}$ verschiedene Anfangsdaten zu benutzen. Man sieht also, daß bei Durchgang durch $\mathfrak{c}$ eine Lösung z sowie deren Ableitungen erster Ordnung, p und q, Unstetigkeiten erster Art besitzen können, und zwar gilt dies für jede Kurve $\mathfrak{c}$, die den in Abschn. 2.7 formulierten Voraussetzungen genügt. Demnach könnte man glauben, daß dasselbe auch für Unstetigkeiten der Ableitungen zweiter und höherer Ordnung gilt. Man kann jedoch leicht beweisen, daß die Kurve $\mathfrak{c}$ dann notwendig eine Charakteristik sein muß.

Ist nämlich die Differentialgleichung

$$A(x, y)\,r + 2B(x, y)\,s + C(x, y)\,t = f(x, y, z, p, q) \qquad (2.10.1)$$

gegeben und lautet die Parameterdarstellung der Kurve $\mathfrak{c}$

$$x = \alpha(\tau), \qquad y = \beta(\tau), \qquad (2.10.2)$$

so folgt aus Gleichung (2.10.1) und den Streifenbedingungen

$$r\,\alpha'(\tau) + s\,\beta'(\tau) = \frac{dp}{d\tau}, \qquad s\,\alpha'(\tau) + t\,\beta'(\tau) = \frac{dq}{d\tau},$$

daß die Sprünge δr, δs und δt von r, s bzw. t (z, p, q werden jetzt als stetig vorausgesetzt) die drei homogenen Gleichungen

$$\left.\begin{aligned} A\,\delta r + 2B\,\delta s + C\,\delta t &= 0\\ \alpha'\,\delta r + \beta'\,\delta s \qquad &= 0\\ \alpha'\,\delta s + \beta'\,\delta t &= 0 \end{aligned}\right\} \qquad (2.10.3)$$

befriedigen müssen. Soll dieses System eine nichttriviale Lösung besitzen, so muß dessen Koeffizientendeterminante verschwinden, d.h. es muß gelten

$$\begin{vmatrix} A & 2B & C \\ \alpha' & \beta' & 0 \\ 0 & \alpha' & \beta' \end{vmatrix} = 0. \tag{2.10.4}$$

Dies ist aber nichts anderes als die Charakteristikengleichung (2.1.9).

Aber selbst *wenn die Kurve* $\mathfrak{c}$ *eine Charakteristik ist,* sind die Sprünge δr, δs und δt der drei Ableitungen zweiter Ordnung nicht völlig willkürlich vorgebbar, sondern müssen den Verträglichkeitsbedingungen

$$\left.\begin{aligned} A\,\delta r^2 + 2B\,\delta r\,\delta s + C\,\delta s^2 = 0 \\ A\,\delta s^2 + 2B\,\delta s\,\delta t + C\,\delta t^2 = 0 \end{aligned}\right\} \tag{2.10.5}$$

genügen. Insbesondere findet man so die Bestätigung für die unmittelbar einleuchtende Tatsache, daß für eine Gleichung in der kanonischen Form

$$s = f(x, y, z, p, q) \tag{2.10.6}$$

$(A = C = 0)$ $\delta s = 0$, d.h. s stetig sein muß.

2.11 Differentialgleichungen mit mehreren unabhängigen Veränderlichen

Bis jetzt haben wir uns fast ausschließlich mit partiellen Differentialgleichungen in zwei unabhängigen Veränderlichen beschäftigt. Bei Gleichungen mit n unabhängigen Veränderlichen $x_1, x_2, \ldots, x_n$ setzt man

$$\frac{\partial z}{\partial x_r} = p_r, \qquad \frac{\partial^2 z}{\partial x_r \partial x_s} = p_{r,s}; \qquad x_1 \boldsymbol{i}_1 + x_2 \boldsymbol{i}_2 + \cdots + x_n \boldsymbol{i}_n = \boldsymbol{x},$$

$$p_1 \boldsymbol{i}_1 + p_2 \boldsymbol{i}_2 + \cdots + p_n \boldsymbol{i}_n = \boldsymbol{p}.$$

Die quasilineare Gleichung zweiter Ordnung hat dann die Form

$$\sum_{r,s=1}^{n} a_{rs}(\boldsymbol{x})\, p_{rs} = f(\boldsymbol{x}, \boldsymbol{p}, z), \qquad a_{rs} = a_{sr}. \tag{2.11.1}$$

Für eine derartige Gleichung besteht das grundlegende Anfangswertproblem (hier auch Cauchysches Problem genannt) darin, eine ihrer Lösungen z so zu bestimmen, daß sie zusammen mit ihren n Ableitungen $p_1, p_2, \ldots, p_n$ auf einer gewissen $(n-1)$-dimensionalen Mannigfaltigkeit $\mathfrak{B}_{n-1}$ des $(x_1, x_2, \ldots, x_n)$-Raumes vorgeschriebene Werte annimmt. Wenn diese Mannigfaltigkeit durch die Gleichungen

$$x_h = \varphi_h(t_1, t_2, \ldots, t_{n-1}), \qquad h = 1, 2, \ldots, n \tag{2.11.2}$$

dargestellt wird, so sollen selbstverständlich die $n-1$ Streifenbedingungen

$$\frac{\partial z}{\partial t_k} = p_1 \frac{\partial \varphi_1}{\partial t_k} + p_2 \frac{\partial \varphi_2}{\partial t_k} + \cdots + p_n \frac{\partial \varphi_n}{\partial t_k}, \qquad k = 1, 2, \ldots, n-1 \tag{2.11.3}$$

auf $\mathfrak{B}_{n-1}$ erfüllt sein. Die notwendige Bedingung für eindeutige Lösbarkeit dieses Problems lautet wie im Fall $n = 2$: Aus der Gleichung (2.11.1) und den Streifenbedingungen zweiter Ordnung

$$\frac{\partial p_r}{\partial t_k} = p_{r1} \frac{\partial \varphi_1}{\partial t_k} + p_{r2} \frac{\partial \varphi_2}{\partial t_k} + \cdots + p_{rn} \frac{\partial \varphi_n}{\partial t_k},$$
$$r = 1, 2, \ldots, n; \qquad k = 1, 2, \ldots, n-1, \tag{2.11.4}$$

sollen auf $\mathfrak{B}_{n-1}$ die Werte der Ableitungen zweiter Ordnung p_{rs} berechnet werden können. Tieferliegende Untersuchungen erweisen diese Bedingungen auch als hinreichend. Man findet, daß diese Berechnung möglich ist, wenn für die ,,kartesische`` Gleichung

$$\Phi(x_1, x_2, \ldots, x_n) = 0 \tag{2.11.5}$$

der Mannigfaltigkeit $\mathfrak{B}_{n-1}$ *nicht*

$$\sum_{r,s=1}^{n} a_{rs}(\boldsymbol{x}) \frac{\partial \Phi}{\partial x_r} \frac{\partial \Phi}{\partial x_s} = 0 \tag{2.11.6}$$

gilt. Deshalb nennt man diese partielle Differentialgleichung auch hier *Charakteristikengleichung* der gegebenen Gleichung.

Eine erste Folge davon ist, daß die gegebene Gleichung dem *elliptischen* Typus angehört (vgl. Abschn. 2.1), falls die quadratische Form

$$\sum_{r,s=1}^{n} a_{rs}(\boldsymbol{x}) \lambda_r \lambda_s \tag{2.11.7}$$

(positiv oder negativ) *definit* ist. *Es kann dann keine reellen Charakteristiken geben,* weil die Gleichung (2.11.6) im Reellen nur dadurch erfüllt werden kann, daß sämtliche Ableitungen $\partial\Phi/\partial x_r$ verschwinden.

Für die *Gleichung mit konstanten Koeffizienten* ($a_{rs} = \text{const}$) kann man die charakteristischen Mannigfaltigkeiten (kurz: die *Charakteristiken*) leicht bestimmen. Dazu setzen wir

$$\sum_{s=1}^{n} a_{rs} \frac{\partial\Phi}{\partial x_s} = X_r, \qquad r = 1, 2, \ldots, n \tag{2.11.8}$$

und können die Charakteristikengleichung damit in der Form

$$\sum_{r=1}^{n} \frac{\partial\Phi}{\partial x_r} X_r = 0 \tag{2.11.9}$$

schreiben. Betrachtet man die Gleichungen (2.11.8) als ein System von n linearen Gleichungen für die n Ableitungen $\partial\Phi/\partial x_s$, so kann man nach

$$\frac{\partial\Phi}{\partial x_r} = \sum_{s=1}^{n} \alpha_{rs} X_s \tag{2.11.10}$$

auflösen, wo $\{\alpha_{rs}\}$ die *Reziproke* der Matrix $\{a_{rs}\}$ bezeichnet. Setzt man dies in (2.11.9) ein, so erhält man an Stelle von (2.11.6) die quadratische Gleichung

$$\sum_{r,s=1}^{n} \alpha_{rs} X_r X_s = 0. \tag{2.11.11}$$

Nun sei $X_1^0, X_2^0, \ldots, X_n^0$ irgendein System von Werten von $X_1, X_2, \ldots, X_n$, welche die Gleichung (2.11.11) befriedigen. Aus (2.11.10) folgt dann, daß

$$\Phi = x_r \sum_{s=1}^{n} \alpha_{sr} X_s^0 + C_r, \qquad r = 1, 2, \ldots, n$$

ist, wo C_r eine *von x_r unabhängige Funktion* bezeichnet. Da dies für alle r gilt, muß

$$\Phi = \sum_{r=1}^{n} x_r \sum_{s=1}^{n} \alpha_{rs} X_s^0 + C \tag{2.11.12}$$

sein, wo C eine Konstante bedeutet. Dieses Ergebnis läßt sich leicht geometrisch deuten: Die lineare Gleichung

$$\sum_{r=1}^{n} x_r \sum_{s=1}^{n} \alpha_{rs} X_s^0 = 0$$

stellt eine *Hyperebene* des $(x_1, x_2, \ldots, x_n)$-Raumes dar, welche den quadratischen Kegel berührt, der sich aus (2.11.11) ergibt, wenn $X_r = x_r$ gesetzt wird. Man findet so: *Die Charakteristiken $\Phi = 0$ der gegebenen Gleichung sind sämtliche Hyperebenen des $(x_1, x_2, \ldots, x_n)$-Raumes, welche zu einer Tangentialhyperebene des quadratischen Kegels*

$$\sum_{r=1}^{n} \alpha_{rs} x_r x_s = 0 \tag{2.11.13}$$

parallel sind, wenn die Matrix $\{\alpha_{rs}\}$ reziprok zur Matrix $\{a_{rs}\}$ der Koeffizienten der gegebenen Gleichung ist.

Im Falle einer elliptischen Gleichung gibt es keine reellen Charakteristiken, weil dann der Kegel (2.11.13), (vom Nullpunkt abgesehen) keine reellen Punkte besitzt.

2.12 Weiteres über die Wellengleichung

Bei der Wellengleichung mit n Raumkoordinaten:

$$\frac{\partial^2 z}{\partial t^2} - a^2\left(\frac{\partial^2 z}{\partial x_1^2} + \frac{\partial^2 z}{\partial x_2^2} + \cdots + \frac{\partial^2 z}{\partial x_n^2}\right) = 0 \tag{2.12.1}$$

ist die Koeffizientenmatrix eine Diagonalmatrix mit den Diagonalelementen

$$\{1, -a^2, -a^2, \ldots, -a^2\}.$$

Ihre Reziproke ist die Diagonalmatrix mit den Elementen

$$\left\{1, -\frac{1}{a^2}, -\frac{1}{a^2}, \ldots, -\frac{1}{a^2}\right\},$$

infolgedessen hat der Kegel (2.11.13) im $(t, x_1, x_2, \ldots, x_n)$-Raum die Gleichung

$$t^2 - \frac{1}{a^2}(x_1^2 + x_2^2 + \cdots + x_n^2) = 0. \tag{2.12.2}$$

Somit sind die Charakteristiken die Hyperebenen

$$t_0 t - \frac{1}{a^2}(x_1^0 x_1 + x_2^0 x_2 + \cdots + x_n^0 x_n) = \text{const},$$

wobei die $n+1$ Zahlen $t_0, x_1^0, x_2^0, \ldots, x_n^0$ die Gleichung (2.12.2) befriedigen. Man kann also z.B.

$$t_0 = \mp \frac{1}{a}, \quad x_1^0 = \nu_1, \; x_2^0 = \nu_2, \; \ldots, \; x_n^0 = \nu_n$$

setzen, wo $\nu_1, \nu_2, \ldots, \nu_n$ die Komponenten eines Einheitsvektors $\boldsymbol{\nu}$ sind. Die Charakteristikengleichung nimmt dann die Gestalt

$$\mp a t - (\nu_1 x_1 + \nu_2 x_2 + \cdots + \nu_n x_n) = \text{const} \tag{2.12.3}$$

an oder kürzer

$$\boldsymbol{\nu} \cdot \boldsymbol{x} \pm a t = \text{const}. \tag{2.12.3'}$$

Damit erhält man die Lösungen in der Form

$$z = \Phi(\boldsymbol{\nu} \cdot \boldsymbol{x} \pm a t),$$

die in Abschn. 2.5 schon behandelt wurden.

In Abschn. 2.5 haben wir uns auch mit *kugelsymmetrischen* Lösungen der Wellengleichung beschäftigt, d.h. mit Lösungen, die nur von der Zeit t und der Entfernung

$$r = \sqrt{x_1^2 + x_2^2 + \cdots + x_n^2}$$

des Punktes $(x_1, x_2, \ldots, x_n)$ vom Ursprung abhängen und somit zu jedem Zeitpunkt in allen Punkten auf der Oberfläche einer beliebigen Hyperkugel $r = r_0 = \text{const}$ die gleichen Werte annehmen.

Es ist nun interessant, für beliebige Lösungen z der Wellengleichung deren *Mittelwert* auf der Oberfläche einer solchen Hyperkugel zu untersuchen. Beschränken wir uns der Einfachheit halber auf den Fall $n = 3$, so ist die Funktion

$$\zeta(r, t) = \frac{1}{4\pi r^2} \iint\limits_{\sigma_r} z(x_1, x_2, x_3, t)\, d\sigma_r \tag{2.12.4}$$

zu untersuchen, wo σ_r die Oberfläche der Kugel mit dem Radius r und dem Nullpunkt als Mittelpunkt bezeichnet. Man zeigt leicht, daß dieser Mittelwert die Differentialgleichung

$$r^2 \frac{\partial^2 \zeta}{\partial t^2} - a^2 \frac{\partial}{\partial r}\left(r^2 \frac{\partial \zeta}{\partial r}\right) = 0 \tag{2.12.5}$$

erfüllt, welche mit der Substitution

$$\zeta = \frac{u}{r} \tag{2.12.6}$$

in die Wellengleichung (für $n = 1$)

$$\frac{\partial^2 u}{\partial t^2} - a^2 \frac{\partial^2 u}{\partial r^2} = 0 \tag{2.12.7}$$

übergeht.

Dieses Ergebnis gestattet u.a. die Lösung eines Anfangswertproblems für die Wellengleichung, welches dem Cauchyschen Problem nahe verwandt ist. Hier handelt es sich darum, für $t>0$ eine Lösung z der Gleichung so zu bestimmen, daß sie für $t=0$ (zusammen mit ihrer ersten Ableitung $z_t = q$) in einem gewissen (endlichen) Bereich $\mathfrak{B}$ des dreidimensionalen Raumes vorgeschriebene Werte annimmt, während sie außerhalb von $\mathfrak{B}$ identisch verschwindet.

Es ist zweckmäßig, das Symbol

$$\mathfrak{M}[f, P, r]$$

für den Mittelwert einer Funktion f auf einer Kugel vom Radius r mit P als Mittelpunkt zu benutzen.

Ist z eine Lösung der Wellengleichung, so muß ihr mit r multiplizierter Mittelwert, als Funktion von r und t betrachtet, eine Lösung der Gleichung (2.12.7) sein. Deshalb existieren zwei (im allgemeinen von P abhängige) Funktionen ω und ω^* derart, daß

$$r\,\mathfrak{M}[z, P, r] = \omega(a\,t + r) + \omega^*(a\,t - r)$$

ist. Da aber die linke Seite für $r=0$ verschwindet, gilt notwendig $\omega^* = -\omega$, womit wir einfacher

$$r\,\mathfrak{M}[z, P, r] = \omega(a\,t + r) - \omega(a\,t - r) \qquad (2.12.8)$$

haben. Durch Differentiation nach r und t bei Verwendung der Abkürzung

$$\frac{\partial z}{\partial t} = q$$

bekommt man

$$\left.\begin{aligned} \frac{\partial}{\partial r}\{r\,\mathfrak{M}[z, P, r]\} &= \mathfrak{M}[z, P, r] + r\frac{\partial}{\partial r}\mathfrak{M}[z, P, r] \\ &= \omega'(a\,t + r) + \omega'(a\,t - r) \\ r\,\mathfrak{M}[q, P, r] &= a\,[\omega'(a\,t + r) - \omega'(a\,t - r)] \end{aligned}\right\}. \qquad (2.12.9)$$

Durch Eliminierung von $\omega'(a\,t - r)$ ergibt sich

$$a\frac{\partial}{\partial r}\{r\,\mathfrak{M}[z, P, r]\} + r\,\mathfrak{M}[q, P, r] = 2\,a\,\omega'(a\,t + r).$$

Bezeichnen $\tilde{z}$ und $\tilde{q}$ die für $t=0$ gegebenen Werte von z bzw. q, so gelangt man zu

$$2a\,\omega'(r) = a\frac{\partial}{\partial r}\{r\,\mathfrak{M}[\tilde{z}, P, r]\} + r\,\mathfrak{M}[\tilde{q}, P, r],$$

wenn man in der zuletzt gewonnenen Beziehung $t=0$ setzt. Andererseits liefert die erste Gleichung in (2.12.9) für $r\to 0$

$$z = 2\,\omega'(a\,t).$$

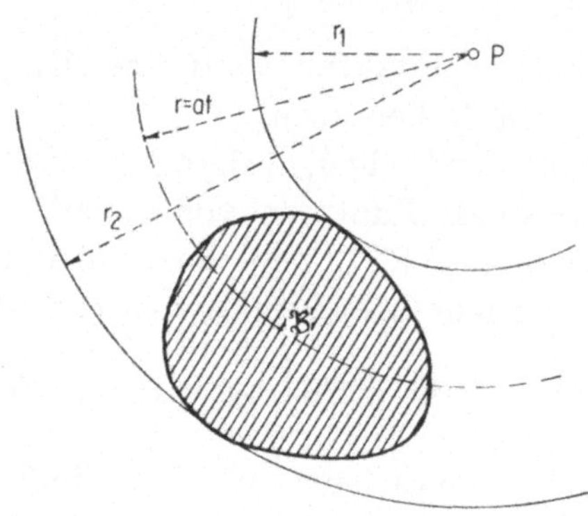

Abb. 25. Ein Anfangswertproblem für die Wellengleichung

Somit lautet die (von POISSON stammende) Lösungsformel für unser Problem:

$$z(P) = \left[\frac{\partial}{\partial r}\{r\,\mathfrak{M}[\tilde{z}, P, r]\} + \frac{r}{a}\,\mathfrak{M}[\tilde{q}, P, r]\right]_{r=at}. \qquad (2.12.10)$$

Diese elegante Lösungsformel gibt Anlaß zu einer interessanten Diskussion des betrachteten Problems. Wenn der Punkt P außerhalb des Bereichs $\mathfrak{B}$ liegt und mit r_1 und r_2 die minimale bzw. maximale Entfernung von P vom Bereich bezeichnet wird, so sieht man, daß die rechte Seite von (2.12.10) nur dann nicht identisch verschwindet, wenn r zwischen r_1 und r_2 liegt, d.h. wenn

$$r_1 \leqq a\,t \leqq r_2 \qquad (2.12.11)$$

ist. Dann durchschneidet die Kugel mit dem Mittelpunkt P und dem Radius $r=at$ (etwa wie die punktierte Kugel in Abb. 25) den

Bereich $\mathfrak{B}$. Man kann den Sachverhalt also anschaulich so deuten, daß der Wert von z in P durch gewisse „Störungen" bedingt wird, welche zur Zeit $t=0$ von den verschiedenen Punkten von $\mathfrak{B}$ ausgehen und sich mit der Geschwindigkeit a nach allen Richtungen ausbreiten. Die ersten Störungen werden in P zur Zeit t_1 und die letzten zur Zeit t_2 ankommen, wobei

$$a\,t_1 = r_1, \qquad a\,t_2 = r_2$$

gilt. Zu jeder Zeit wird der geometrische Ort der Punkte P, zu denen Störungen kommen oder gekommen sind, von der Fläche („*Wellenfront*") abgegrenzt, welche von allen Kugeln mit dem Radius $a\,t$ und Mittelpunkten in den verschiedenen Punkten von $\mathfrak{B}$ eingehüllt wird.

Drittes Kapitel

Partielle Differentialgleichungen vom parabolischen Typus

3.1 Die Wärmeleitungsgleichung Parabolische Differentialgleichungen und Systeme

Diejenigen partiellen Differentialgleichungen vom parabolischen Typus, die für die Anwendungen größeres Interesse beanspruchen, sind nicht besonders zahlreich, sieht man von der *Wärmeleitungsgleichung*, welche dieser Klasse angehört, einmal ab. Letztere spielt in manchen Zweigen der Technik (z.B. beim Sperrmauerbau) eine maßgebende Rolle; außerdem beherrscht sie die Diffusionserscheinungen.

Bezeichnet $\Theta(x, y, z, t)$ die Temperatur zur Zeit t in einem Punkt $P=(x, y, z)$ eines Mediums mit der Wärmeleitfähigkeit $\varkappa$, der spezifischen Wärme γ und der Dichte ϱ, dann zeigt man leicht, daß in einem flüssigen, ruhenden Medium die Differentialgleichung

$$\frac{\partial\Theta}{\partial t}=\alpha^2\Delta_2\Theta=\alpha^2\left(\frac{\partial^2\Theta}{\partial x^2}+\frac{\partial^2\Theta}{\partial y^2}+\frac{\partial^2\Theta}{\partial z^2}\right) \tag{3.1.1}$$

gilt, wobei $\alpha^2=\varkappa/\gamma\varrho$ gesetzt wurde. Ist das flüssige Medium dagegen bewegt und wird mit $\boldsymbol{v}$ der Geschwindigkeitsvektor der Teilchen in P bezeichnet, dann lautet die Grundgleichung

$$\frac{\partial\Theta}{\partial t}+\boldsymbol{v}\cdot\operatorname{grad}\Theta=\alpha^2\Delta_2\Theta. \tag{3.1.2}$$

Derartige Wärmeleitungsgleichungen gehören ersichtlich dem parabolischen Typus an, weil die entsprechende quadratische Form (Abschn. 2.1)

$$\alpha^2(\lambda_1^2+\lambda_2^2+\lambda_3^2),$$

ersichtlich positiv-semidefinit ist, weil nur drei (anstatt vier) Veränderliche enthält.

Handelt es sich insbesondere um ein eindimensionales Problem in einem ruhenden Mediums, so vereinfacht sich die Grundgleichung zu

$$\alpha^2 \frac{\partial^2 z}{\partial x^2} - \frac{\partial z}{\partial t} = 0, \tag{3.1.3}$$

wobei $\Theta = z$ gesetzt wurde. Wählt man die physikalischen Einheiten geeignet, so kann man sogar $\alpha^2 = 1$ erreichen, und (3.1.3) geht über in

$$\frac{\partial^2 z}{\partial x^2} - \frac{\partial z}{\partial t} = 0. \tag{3.1.4}$$

Die Gleichung (3.1.3) (wie auch (3.1.4)) wird öfter *Wärmeleitungsgleichung* im engeren Sinn genannt.

Die entsprechende Charakteristikengleichung ist $d y^2 = 0$. Die Charakteristiken sind also zur x-Achse parallele Geraden.

Allgemein lautet die kanonische Form einer parabolischen Gleichung mit zwei unabhängigen Veränderlichen x und y:

$$\frac{\partial^2 z}{\partial x^2} + a(x, y) \frac{\partial z}{\partial x} + b(x, y) \frac{\partial z}{\partial y} + c(x, y) z = 0. \tag{3.1.5}$$

An ihrer Stelle kann man auch ein parabolisches System, bestehend aus zwei Gleichungen erster Ordnung, betrachten. Wird nämlich

$$z_x + a z = u, \qquad z = v \tag{3.1.6}$$

gesetzt, dann geht (3.1.5) in das System

$$\left.\begin{aligned} u_x + b v_y &= (a_x - c) v \\ v_x &= u - a v \end{aligned}\right\} \tag{3.1.7}$$

über. Umgekehrt kann jedes lineare parabolische System, dessen kanonische Form

$$\left.\begin{aligned} u_x + \mu v_y &= \alpha u + \beta v \\ v_x &= \gamma u + \delta v \end{aligned}\right\} \tag{3.1.8}$$

ist, wo α, β, γ, δ und μ gegebene Funktionen von x und y bezeichnen, immer auf eine Gleichung der Form (3.1.5) reduziert werden. Denn wenn man die zweite Gleichung nach x differenziert und den durch die erste Gleichung gegebenen Wert von u_x darin einsetzt, so ergibt sich die Gleichung

$$v_{xx} - \delta v_x + \mu \gamma v_y - (\beta \gamma + \delta_x) v = (\alpha \gamma + \gamma_x) u,$$

welche schon vom Typus (3.1.5) ist, wenn $\gamma=0$ ist. Ist dagegen $\gamma \neq 0$, dann wird der aus der zweiten Gleichung in (3.1.8) gewonnene Ausdruck für u in die letzte Gleichung eingesetzt, wodurch man zur Gleichung

$$v_{xx}-\left(\alpha+\delta+\frac{\gamma_x}{\gamma}\right)v_x+\mu\gamma v_y+\left(\alpha\delta-\beta\gamma+\frac{\gamma_x}{\gamma}\delta-\delta_x\right)v=0 \qquad (3.1.9)$$

gelangt.

Durch eine Variablentransformation der Gestalt

$$\xi=\xi(x,y), \qquad \eta=y$$

und Einführung der neuen unbekannten Funktionen

$$U=u\exp\left(-\int\alpha\,dx\right), \qquad V=v\exp\left(-\int\delta\,dx\right)$$

kann das System (3.1.8) stets auf die einfache Form

$$U_\xi-V_\eta=A(\xi,\eta)\,V, \qquad V_\xi=B(\xi,\eta)\,U \qquad (3.1.10)$$

gebracht werden. Setzt man z.B.

$$t=y, \qquad \alpha^2 z_x=u, \qquad z=v, \qquad (3.1.11)$$

so läßt sich die Wärmeleitungsgleichung (3.1.3) durch das System

$$u_x-v_y=0, \qquad v_x=\frac{1}{\alpha^2}u, \qquad (3.1.12)$$

welches von der Gestalt (3.1.10) ist, ersetzen.

Mit ganz elementaren Mitteln kann man sich eine wenn auch etwas grobe Vorstellung von manchen Fragen der Theorie der parabolischen Gleichungen verschaffen, wenn man die einfachste Gleichung vom parabolischen Typus

$$\frac{\partial^2 z}{\partial x^2}=0 \qquad (3.1.13)$$

betrachtet, welche einem stationären, eindimensionalen Wärmeleitungsproblem entspricht. Aus (3.1.13) ergibt sich

$$z=\varphi(y)+x\,\psi(y), \qquad (3.1.14)$$

wo φ und ψ zwei willkürliche Funktionen von y bezeichnen. Geometrisch stellt (3.1.14) eine Regelfläche dar, deren Erzeugende in den Ebenen $y=\text{const}$ liegen, eine Fläche also, die man durch Angabe von jeweils zwei Punkten jeder ihrer Erzeugenden bestimmen kann. Daraus folgt, daß eine Lösung von (3.1.13) durch Angabe ihrer Werte auf zwei Kurven von der Art der Kurven $\mathfrak{C}_1$ und $\mathfrak{C}_2$ in Abb. 26 eindeutig bestimmt werden kann, d.h. solcher, welche durch Gleichungen der Form

$$x = f_1(y), \quad x = f_2(y), \quad \alpha \leqq y \leqq \beta$$

dargestellt werden können und keinen gemeinsamen Punkt besitzen.

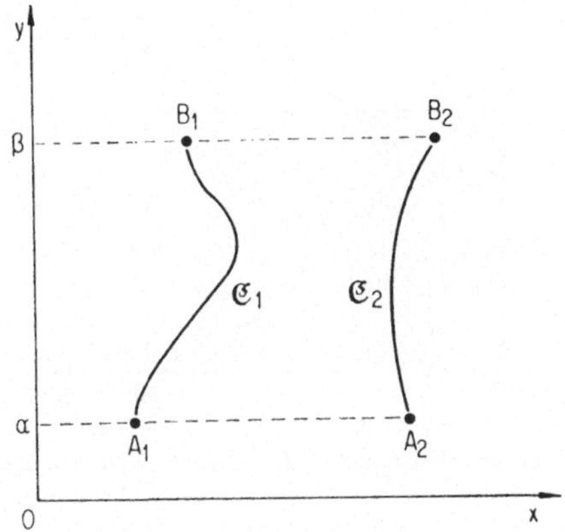

Abb. 26. Randbedingungen für eine spezielle parabolische Gleichung

Es ist nützlich, schon an dieser Stelle zu erwähnen, daß für andere, weniger einfach gebaute Gleichungen auch die Werte von z auf der Strecke A_1A_2 anzugeben sind (Abb. 26).

Endlich sei bemerkt, daß vom physikalischen Standpunkt aus eines der Hauptmerkmale von Gleichungen der Art (3.1.1) oder (3.1.2) beherrschter Phänomene ihre *Irreversibilität* hinsichtlich der Zeit ist. In der Tat ändern sich diese Gleichungen (im Gegensatz z.B. zur Wellengleichung), wenn t durch $-t$ ersetzt wird.

3.2 Das Problem der Abkühlung eines dünnen Stabes

Um das Wesen der Randwertprobleme für parabolische Gleichungen zu verdeutlichen, soll zunächst ein typisches Beispiel aus der Wärmeleitungstheorie betrachtet werden. Es handelt sich um das Problem der Abkühlung eines dünnen, seitlich isolierten Stabes, dessen Anfangstemperatur (zur Zeit $t=0$) bekannt ist und dessen Endpunkte auf der konstanten Temperatur Null gehalten werden[1].

Setzen wir voraus, daß der Stab durch die Strecke $[0, l]$ der x-Achse der (x, t)-Ebene gegeben wird und daß für ihn die Wärmeleitungsgleichung der Form (3.1.4) gilt. Sind wir am Verlauf der Temperatur lediglich in einem gewissen Zeitintervall $[0, T]$ interessiert, so handelt es sich darum, eine Lösung der Gleichung

$$\frac{\partial^2 z}{\partial x^2} - \frac{\partial z}{\partial t} = 0 \tag{3.2.1}$$

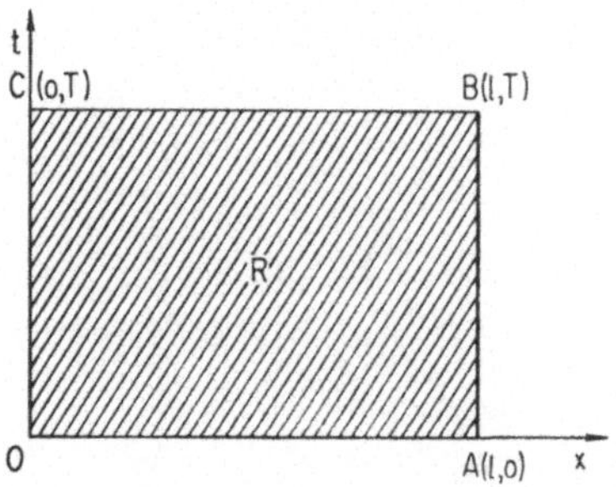

Abb. 27. Randbedingungen in einem Abkühlungsproblem

im Rechteck $\mathfrak{R} = OABC$ von Abb. 27 zu bestimmen, welche auf der Seite OA vorgeschriebene Werte $f(x)$ annimmt, während sie auf den Seiten OC und AB verschwindet. Aus Stetigkeitsgründen muß außerdem

$$f(0) = f(l) = 0 \tag{3.2.2}$$

gelten. Trennt man die Veränderlichen durch den Ansatz

$$z = X \cdot T$$

und bezeichnet die Trennungskonstante mit $-n^2 k^2$, so gelangt man zu den beiden gewöhnlichen Differentialgleichungen

$$X'' + n^2 k^2 X = 0, \qquad T' + n^2 k^2 T = 0.$$

---

[1] Manchmal spricht man auch vom Problem der *Abkühlung einer unbegrenzten Wand*, weil dies – unter der Annahme, daß die Anfangstemperatur der zwischen den Ebenen $x=0$ und $x=l$ liegenden Wand nun von der Koordinate x abhängt und die Endflächen auf der Temperatur Null gehalten werden – zum gleichen mathematischen Problem führt.

Daraus ergibt sich ähnlich wie in Abschn. 2.6 die Lösung

$$z_n = [A_n \cos(n k x) + B_n \sin(n k x)]\, e^{-n^2 k^2 t},$$

in welcher mit Rücksicht auf die Bedingungen (3.2.2)

$$A_n = 0, \qquad k = \frac{\pi}{l}$$

gesetzt werden soll. Man wird so veranlaßt, die Lösung

$$z(x,t) = \sum_{n=1}^{\infty} B_n \sin(n k x)\, e^{-n^2 k^2 t} \tag{3.2.3}$$

der Gleichung (3.2.1) zu betrachten, für welche auf OC und AB

$$z(0,t) = z(l,t) = 0$$

gilt. Es bleibt noch die Anfangsbedingung

$$z(x,0) = f(x),$$

d.h.

$$\sum_{n=1}^{\infty} B_n \sin\left(n \frac{\pi}{l} x\right) = f(x)$$

zu berücksichtigen, welche unter den gleichen Voraussetzungen wie in Abschn. 2.6 zur Eulerschen Formel

$$B_n = \frac{2}{l} \int_0^l f(x) \sin\left(n \frac{\pi}{l} x\right) dx \tag{3.2.4}$$

für B_n führt. Damit ist das Problem gelöst.

In Abschn. 3.4 wird eine weitere Lösung dieses Problems gegeben. Es sei angemerkt, daß auch das obige Problem eine große Rolle in der Entwicklung der Theorie der Fourierschen Reihen gespielt hat.

3.3 Ein Eindeutigkeitssatz für parabolische Differentialgleichungen

Physikalische Überlegungen führen zur Vermutung, daß das im vorigen Abschnitt behandelte Problem sogar wohlbestimmt ist, wenn die beiden Punkte O und A des betrachteten Stabes nicht auf der Temperatur Null, sondern jeweils auf einer beliebigen, aber konstanten Temperatur gehalten werden, und daß das Obige auch dann noch gilt, wenn die beiden Punkte von bekannter Temperatur sich auf dem Stab bewegen.

Das macht die Annahme plausibel, es gelte für parabolische Gleichungen der Form

$$z_{xx} + a(x, y)\, z_x + b(x, y)\, z_y + c(x, y)\, z = 0 \tag{3.3.1}$$

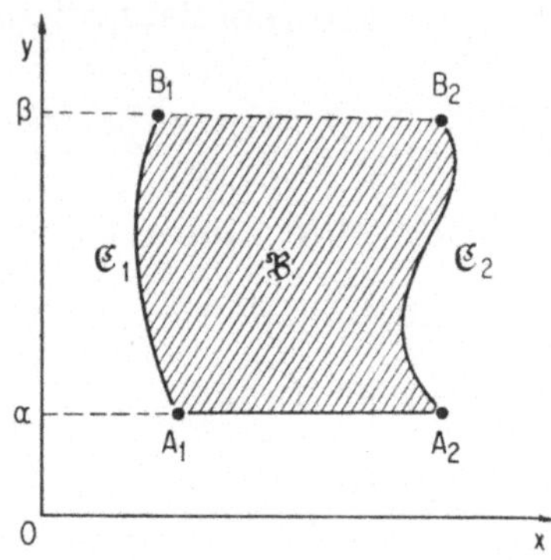

Abb. 28. Zum Eindeutigkeitssatz für parabolische Gleichungen

ein *Eindeutigkeitssatz* in einem Bereich $\mathfrak{B}$ (siehe Abb. 28), wenn die Werte von z auf der Strecke A_1A_2 der Charakteristik $y = \alpha$ und auf den beiden durch Gleichungen der Form

$$x = f_1(y), \quad x = f_2(y), \quad \alpha \leqq y \leqq \beta, \quad f_1(y) < f_2(y) \tag{3.3.2}$$

dargestellten Kurven $\mathfrak{c}_1$ bzw. $\mathfrak{c}_2$ gegeben sind. Nimmt man noch die wichtigen Ungleichungen

$$b(x, \beta) \leqq 0, \quad c(x, y) \leqq 0 \tag{3.3.3}$$

hinzu, so kann man unter diesen Voraussetzungen in Wirklichkeit beweisen, daß *eine „reguläre" Lösung der Gleichung* (3.3.1), *welche auf der Strecke A_1A_2 und auf den Kurven $\mathfrak{c}_1$ und $\mathfrak{c}_2$ verschwindet, sogar im ganzen Bereich $\mathfrak{B}$ Null ist.* Dabei wird unter einer „regulären" Lösung eine solche verstanden, die im ganzen Bereich $\mathfrak{B}$ einschließlich seines Randes stetig ist und im *Innern* von $\mathfrak{B}$ der Klasse $C^{(2)}$ angehört. Für die Koeffizienten genügt es zu fordern, daß sie stetig sind.

Der Beweis wird zunächst unter der stärkeren Voraussetzung $c(x, y) < 0$ geführt, indem man beweist, daß keine reguläre Lösung von (3.3.1) im Innern von $\mathfrak{B}$ oder auf der Strecke B_1B_2 ein positives Maximum oder ein negatives Minimum haben kann. Dann geht man von der Bedingung $c < 0$ zum Fall $c \leqq 0$ über, insofern man zeigt, daß eine multiplikative Transformation der Gestalt

$$z(x, y) = (A - e^{-hx})\,\zeta(x, y)$$

(mit passenden positiven Konstanten A und h) eine Gleichung mit $c \leqq 0$ in eine andere mit $c < 0$ überführt.

Es sei ausdrücklich bemerkt, daß die betrachteten Lösungen auch auf dem Rand *stetig* sein müssen und daß, falls die Bedingungen (3.3.3) beibehalten werden, die Strecke A_1A_2 *nicht* mit B_1B_2 vertauscht werden darf. Die letzte Tatsache drückt die bereits erwähnte Irreversibilität (bzgl. der Zeit) der durch parabolische Gleichungen beschriebenen Phänomene aus.

3.4 Anwendung der Greenschen Methode

Nachdem im vorigen Abschnitt der Beweis des Eindeutigkeitssatzes skizziert wurde, erhebt sich natürlich die Frage nach der Existenz und Ermittlung der als eindeutig nachgewiesenen Lösung. Ein Weg zur Behandlung dieses nicht leichten Problems ergibt sich durch Anwendung der *Greenschen Methode*, die jedoch, obwohl eigentlich zur Theorie der elliptischen Gleichungen gehörend, auch auf parabolische anwendbar ist.

Der Einfachheit wegen beschränken wir uns auf die reduzierte Wärmeleitungsgleichung

$$\mathfrak{L}[z] = z_{xx} - z_y = 0, \tag{3.4.1}$$

deren adjungierte Gleichung (im Sinne von Abschn. 2.7) lautet:

$$\mathfrak{M}[u] = u_{xx} + u_y = 0. \tag{3.4.2}$$

Es gilt die Identität

$$z\,\mathfrak{M}[u] - u\,\mathfrak{L}[z] = \frac{\partial}{\partial x}(z u_x - u z_x) + \frac{\partial}{\partial y}(z u). \tag{3.4.3}$$

Nun führen wir die spezielle Funktion

$$U(P, P_0) = \begin{cases} (\eta - y)^{-\frac{1}{2}} \exp\left[-\dfrac{(\xi - x)^2}{4(\eta - y)}\right], & y < \eta \\ 0 & y \geqq \eta \end{cases} \tag{3.4.4}$$

ein, welche, als Funktion des Punktes $P=(x, y)$ betrachtet, die adjungierte Gleichung (3.4.2) befriedigt, während sie als Funktion von $P_0=(\xi, \eta)$ eine Lösung der Wärmeleitungsgleichung (3.4.1) darstellt. Ist $z(x, y)$ eine weitere Lösung der Gleichung (3.4.1), dann ergibt sich aus (3.4.3)

$$\frac{\partial}{\partial x}(z\,U_x - U\,z_x) + \frac{\partial}{\partial y}(z\,U) = 0.$$

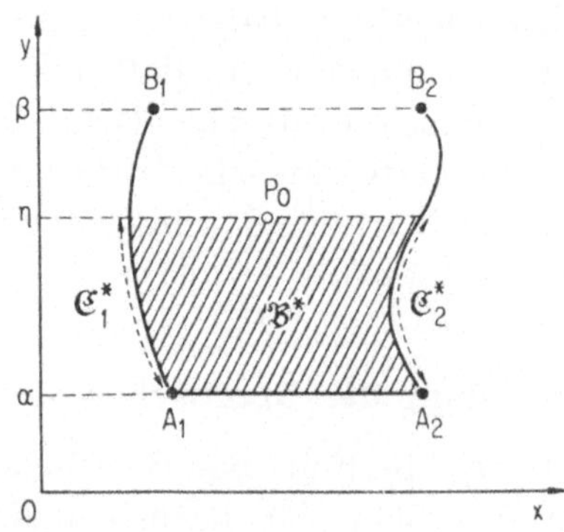

Abb. 29. Zur Greenschen Methode für die Wärmeleitungsgleichung

Diese Identität wollen wir über den Bereich $\mathfrak{B}$ von Abb. 28 oder, was wegen (3.4.4) dasselbe ist, über den schraffierten Bereich $\mathfrak{B}^*$ von Abb. 29 integrieren. Die Singularität der Funktion U in der Nähe von $y=\eta$ mahnt aber zur Vorsicht. Deshalb gehen wir so vor, daß wir zunächst bis $y=\eta-\varepsilon$, $\varepsilon>0$ integrieren und dann den Grenzübergang $\varepsilon \to 0$ durchführen, was zur wichtigen Beziehung[1]

$$2\sqrt{\pi}\,z(P_0) = \int\limits_{\mathfrak{c}_1^* \cup \mathfrak{c}_2^*} \left[(z\,U_x - z_x\,U)\frac{dx}{d\boldsymbol{n}} + z\,U\frac{dy}{d\boldsymbol{n}}\right] ds + \int\limits_{A_1}^{A_2} z\,U\,dx \qquad (3.4.5)$$

führt. Dabei sind $\mathfrak{c}_1^*$ und $\mathfrak{c}_2^*$ diejenigen Teile der beiden Kurven $\mathfrak{c}_1$ bzw. $\mathfrak{c}_2$, welche unterhalb der Charakteristik $y=\eta$ liegen, und $\boldsymbol{n}$ der nach dem Inneren von $\mathfrak{B}$ gerichtete Normalenvektor des Randes. Diese Formel ermöglicht die Berechnung der Lösung z im Innern des Bereiches $\mathfrak{B}$, wenn ihre Werte auf A_1A_2, $\mathfrak{c}_1$ und $\mathfrak{c}_2$ und außerdem

[1] Sie läßt sich sofort auf den Fall verallgemeinern, in welchem z statt der Gleichung $\mathfrak{L}[z]=0$ eine solche der Form $\mathfrak{L}[z]=f$ befriedigt.

diejenigen von z_x auf $\mathfrak{c}_1$ und $\mathfrak{c}_2$ bekannt sind. Diese letzte zunächst störende Tatsache kann aber umgangen werden, wenn wir irgendwie eine *reguläre* Lösung $u_0(P, P_0)$ der adjungierten Gleichung (3.4.2) bestimmen können, welche *auf* $\mathfrak{c}_1$ *und* $\mathfrak{c}_2$ *dieselben Werte wie* U *annimmt.* Da die rechte Seite von (3.4.5) unverändert bleibt, wenn U um eine *reguläre* Lösung von (3.4.2) vermindert wird, so genügt es, in (3.4.5) an Stelle von U die *Greensche Funktion*:

$$G(P, P_0) = U(P, P_0) - u_0(P, P_0) \tag{3.4.6}$$

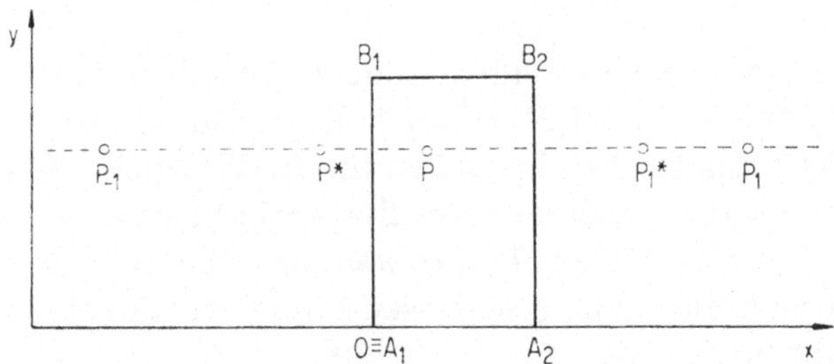

Abb. 30. Zur Kirchhoffschen Spiegelungsmethode

einzusetzen, um die Gleichung

$$2\sqrt{\pi}\, z(P_0) = \int\limits_{\mathfrak{c}_1^* \cup \mathfrak{c}_2^*} z\, G_x \frac{dx}{d\boldsymbol{n}}\, ds + \int\limits_{A_1}^{A_2} z\, G\, dx \tag{3.4.7}$$

zu erhalten, welche die Existenz und auch die Berechnung der Lösung z sichert, wenn deren Werte auf $\mathfrak{c}_1$, $\mathfrak{c}_2$ und auf A_1A_2 gegeben sind.

Leider ist die Bestimmung von u_0 und G nicht immer leicht. Sie ist jedoch in wichtigen Fällen gelungen, z. B. beim Rechteckproblem, bei welchem $\mathfrak{c}_1$ und $\mathfrak{c}_2$ zwei Parallelen zur y-Achse sind. Dieses Problem wurde in Abschn. 3.2 schon für den Sonderfall gelöst, daß die Lösung auf diesen beiden Kurven verschwinden soll.

Im allgemeinen Fall läßt sich die Greensche Funktion durch die *Kirchhoffsche Spiegelungsmethode* konstruieren. Hierbei geht man zunächst aus von einem Punkt $P = (\xi, \eta)$ im Innern des Bereiches $\mathfrak{B}$. Durch Spiegelung von P an der Strecke A_1B_1 (Abb. 30) erhält man den Punkt $P^* = (-\xi, \eta)$, durch eine solche an der Strecke A_2B_2 den Punkt P_1^*, welcher seinerseits durch Spiegelung an der Strecke A_1B_1

P_{-1} liefert. P_1 ist der an der Strecke A_2B_2 gespiegelte Punkt P^* usw. Die Konstruktion der Punkte $P_1^*, P_{-1}, P_1, \ldots$ läßt sich übersichtlicher durch Translationen der Punkte P bzw. P^* beschreiben. Dabei entstehe P_n durch die Translation von P parallel zur x-Achse um das Stück $2\,n\,\overline{A_1A_2}$ $(n=\pm 1, \pm 2, \ldots)$, entsprechend für P^* und P_n^*. Vereinbart man noch, $P_0 = P$ und $P_0^* = P^*$ zu setzen, so läßt sich unter der Annahme $\overline{A_1A_2} = 1$ sofort beweisen, daß

$$G(P, P_0) = \sum_{\substack{n=-\infty \\ n \neq 0}}^{+\infty} [U(P_n, P_0) - U(P_{-n}^*, P_0)] \tag{3.4.8}$$

gilt. Insbesondere ist es evident, daß G verschwindet, falls P auf A_1B_1 $(P=P^*)$ oder auf A_2B_2 $(P=P_1^*)$ liegt. Mit den Formeln (3.4.7) und (3.4.8) ist das Rechteckproblem für die Wärmeleitung gelöst.

Die Eleganz des erhaltenen Resultats erhöht sich noch, wenn man mit Hilfe der *elliptischen Thetafunktionen* die für die Greensche Funktion erhaltene Reihe geschlossen summiert. Führt man nämlich die ϑ_3-Funktion:

$$\vartheta_3(v \mid \tau) = 1 + 2 \cdot \sum_{m=1}^{\infty} \exp(m^2 \pi \tau i) \cos(2 m \pi v)$$

ein, so ergibt sich aus (3.4.8)

$$G(x, y; \xi, \eta) = \sqrt{\pi} \left[\vartheta_3\left(\frac{\xi - x}{2} \,\middle|\, i\pi(\eta - y)\right) - \vartheta_3\left(\frac{\xi + x}{2} \,\middle|\, i\pi(\eta - y)\right)\right]. \tag{3.4.9}$$

3.5 Der einseitig unendliche Wärmeleiter

Der (Grenz-)Fall, wenn beim oben behandelten Problem die Länge des betrachteten Wärmeleiters (einseitig) nach Unendlich strebt, ist von besonderem Interesse, weil die zu seiner Lösung führenden mathematischen Methoden sich auch auf das wichtige Problem der Bestimmung der Temperaturverteilung in einem Halbraum anwenden lassen, wenn dort die Anfangstemperatur nur von der Tiefe x, und die Temperatur der Grenzebene nur von der Zeit t abhängen.

In diesem Grenzfall ist die Greensche Funktion viel einfacher gebaut, weil es genügt, zwei Glieder der Reihe (3.4.8) zu betrachten. Es gilt nämlich

$$\left.\begin{aligned} G(x,y;\xi,\eta) &= U(x,y;\xi,\eta) - U(x,y;-\xi,\eta) \\ &= \frac{1}{\sqrt{\eta-y}}\left\{\exp\left[-\frac{(\xi-x)^2}{4(\eta-y)}\right] - \exp\left[-\frac{(\xi+x)^2}{4(\eta-y)}\right]\right\}, \\ &\xi > 0, \quad \eta > y \end{aligned}\right\}. \tag{3.5.1}$$

Wenn als Werte für die gesuchte Lösung der Wärmeleitungsgleichung auf den Koordinatenachsen

$$z(x,0) = f(x), \quad x \geqq 0; \quad z(0,y) = g(y), \quad y \geqq 0 \tag{3.5.2}$$

vorgeschrieben sind, findet man – unter der Voraussetzung, daß für $x \to \infty$ $f(x)$, z und z_x von der Ordnung

$$O\,(e^{k x^2})$$

sind (mit einer positiven Konstanten k) – daß in einem Streifen

$$0 \leqq \eta \leqq b < \frac{1}{4k}$$

die Lösung durch

$$2\sqrt{\pi}\, z(\xi,\eta) = \int_0^\infty G(x,0;\xi,\eta)\, f(x)\, dx + \int_0^\eta G_x(0,y;\xi,\eta)\, g(y)\, dy \tag{3.5.3}$$

gegeben wird. Ist insbesondere die Anfangstemperatur gleich Null (d.h. $f \equiv 0$) und werden die Zeit, wie üblich, mit t (statt mit η) und die Tiefe mit x (statt mit ξ) bezeichnet, dann hat man

$$z(x,t) = \frac{x}{2\sqrt{\pi}} \int_0^t \exp\left[-\frac{x^2}{4(t-y)}\right] \frac{g(y)}{(t-y)^{3/2}}\, dy. \tag{3.5.4}$$

Durch die Variablentransformation

$$\frac{x}{2\sqrt{t-y}} = u$$

erhält man hieraus endlich

$$z(x,t) = \frac{2}{\sqrt{\pi}} \int_{\frac{x}{2\sqrt{t}}}^{\infty} e^{-u^2}\, g\left(t - \frac{x^2}{4u^2}\right) du. \tag{3.5.5}$$

Ist z.B. $g \equiv 1$, d.h. wird die Grenzebene auf der konstanten Temperatur *Eins* gehalten, so findet man

$$z(x,t) = 1 - \Phi\left(\frac{x}{2\sqrt{t}}\right), \tag{3.5.6}$$

wo $\Phi(x)$ das Fehlerintegral

$$\Phi(x)=\frac{2}{\sqrt{\pi}}\int_0^x e^{-u^2}\,du$$

bezeichnet. Wird dagegen die Grenzebene nur für $0 \leqq t \leqq t_0$ auf der Temperatur *Eins* und danach auf der Temperatur *Null* gehalten, dann erhält man

$$z(x,t)=\begin{cases}1-\Phi\left(\frac{x}{2\sqrt{t}}\right), & 0\leqq t\leqq t_0\\ \Phi\left(\frac{x}{2\sqrt{t-t_0}}\right)-\Phi\left(\frac{x}{2\sqrt{t}}\right), & t>t_0.\end{cases} \tag{3.5.6'}$$

Eine andere Art technisch interessanter Lösungen des Halbraumproblems findet man mit dem Ansatz

$$z=X_1(x)\cos(2h^2t)+X_2(x)\sin(2h^2t), \tag{3.5.7}$$

motiviert durch die Suche nach Lösungen, die sich als periodische (Sinus-)Funktionen der Zeit t mit gleicher Periode darstellen lassen. Elementare Rechnungen zeigen, daß X_1 und X_2 zwei Lösungen der gewöhnlichen Differentialgleichung vierter Ordnung

$$X^{(4)}+4h^4X=0$$

sein müssen. Betrachtet man nur die Lösungen mit einem Realteil, der für $x>0$, $h>0$ negativ ist, so gelangt man zu interessanten Speziallösungen der Wärmeleitungsgleichung der Form

$$z=C\,e^{-hx}\cdot\cos(2h^2t-hx), \tag{3.5.8}$$

wo C und $h(>0)$ zwei willkürliche Konstanten bedeuten. Diese Lösungen werden benutzt, um zu zeigen, wie sich wechselnde periodische Schwankungen der Oberflächentemperatur in die Tiefe ausbreiten und dabei rasch gedämpft werden. Dafür muß man jedoch die ziemlich willkürliche Annahme machen, daß die Verteilung der Anfangstemperatur durch die Formel

$$z(x,0)=C\,e^{-hx}\cos(hx) \tag{3.5.9}$$

gegeben sei. Es ist aber intuitiv klar (und kann auch streng bewiesen werden), daß nach genügend langer Zeit der Einfluß der Anfangstemperatur verschwindend klein ist.

3.6 Anwendung des Differenzenverfahrens

Auch die Randwertprobleme der parabolischen Differentialgleichungen lassen sich gut mit dem Differenzenverfahren behandeln.

Wir betrachten ein allgemeineres parabolisches System der Form (3.1.10):

$$u_x - v_y = A(x, y)\, v, \qquad v_x = B(x, y)\, u, \tag{3.6.1}$$

welches einer Gleichung der Form

$$\frac{\partial}{\partial x}\left(\frac{1}{B}\frac{\partial v}{\partial x}\right) - \frac{\partial v}{\partial y} - A\, v = 0 \tag{3.6.2}$$

entspricht. Für $A = 0$, $B = 1$ erhält man offenbar wieder die Wärmeleitungsgleichung.

Man sucht nun eine für $x \geqq 0$, $y \geqq 0$ definierte Lösung (u, v) des Systems, welche die Randbedingungen

$$u(x, 0) = f(x), \quad v(0, y) = g(y), \quad x \geqq 0, \quad y \geqq 0 \tag{3.6.3}$$

erfüllt. Es handelt sich dabei um ein Problem, welches im Fall der Wärmeleitungsgleichung mit dem im vorigen Abschnitt behandelten zusammenfällt.

Man wählt zunächst genügend kleine Maschenweiten h und k sowie zwei natürliche Zahlen m und n so, daß nach Zeichnen des Rechteckgitters mit den Maschenweiten h und k der uns interessierende Bereich der (x, y)-Ebene in das schraffierte Trapez $OAB'C$ (siehe Abb. 31) fällt.[1] Der zweite Schritt besteht wie immer darin, die drei Ableitungen u_x, v_x und v_y, welche im System (3.6.1) auftreten, durch die entsprechenden Differenzenquotienten[2]

$$\frac{u(P_{r,s}) - u(P_{r-1,s})}{h}, \quad \frac{v(P_{r+1,s}) - v(P_{r,s})}{h} \quad \text{bzw.} \quad \frac{v(P_{r,s+1}) - v(P_{r,s})}{k}$$

zu ersetzen, wobei hier wie auch im folgenden die Schreibweise von Abschn. 2.8 beibehalten wird. Damit erhalten wir aus dem gegebenen System (3.6.1) das System der beiden Differenzengleichungen

$$\left.\begin{aligned} \mu(u_{r,s} - u_{r-1,s}) - (v_{r,s+1} - v_{r,s}) &= k A_{r,s} v_{r,s} \\ v_{r+1,s} - v_{r,s} &= h B_{r,s} u_{r,s} \end{aligned}\right\}, \tag{3.6.4}$$

[1] Es handelt sich um ein Trapez, wenn (wie in Abb. 31) $m > n$ ist. Sonst hat man es mit einem Dreieck zu tun.

[2] Manchmal ist es zweckmäßig, den „rückwärtigen" Differenzenquotienten an Stelle des „vorderen" zu verwenden.

wo $\mu = k/h$ gesetzt wurde. Nun werden in den Gitterpunkten $P_{r,0}$ ($r = 0, 1, \ldots, m$) der ersten Zeile, in denen die Werte von u schon bekannt sind, die Werte von v durch die zweite der Gleichungen in (3.6.4) gemäß

$$v_{r+1,0} = v_{r,0} + h\,B_{r,0}\,u_{r,0}, \qquad r = 0, 1, \ldots, m-1 \tag{3.6.5}$$

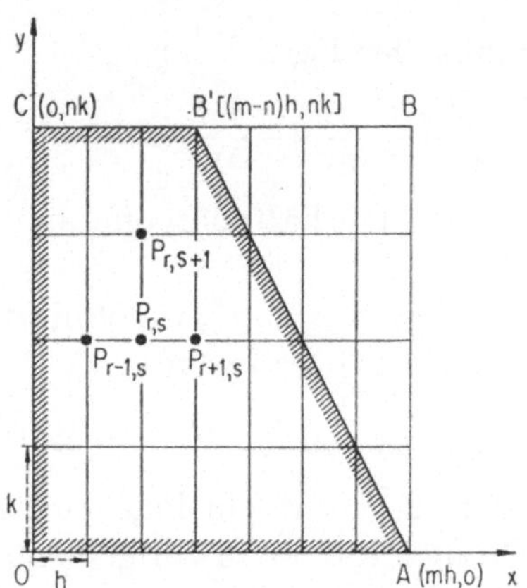

Abb. 31. Anwendung des Differenzenverfahrens auf ein parabolisches System

bestimmt. Hiernach ermittelt man Zeile für Zeile ($s = 1, 2, \ldots$) zunächst die Werte von v, dann diejenigen von u durch die folgenden, aus (3.6.4) abgeleiteten Beziehungen[1]

$$\left.\begin{array}{ll}
v_{r,1} = v_{r,0} + \mu\,(u_{r,0} - u_{r-1,0}) - k\,A_{r,0}\,v_{r,0}, & r = 1, 2, \ldots, m \\
u_{r,1} = \dfrac{v_{r+1,1} - v_{r,1}}{h\,B_{r,1}}, & r = 0, 1, \ldots, m-1 \\
v_{r,2} = v_{r,1} + \mu\,(u_{r,1} - u_{r-1,1}) - k\,A_{r,1}\,v_{r,1}, & r = 1, 2, \ldots, m-1 \\
u_{r,2} = \dfrac{v_{r+1,2} - v_{r,2}}{h\,B_{r,2}}, & r = 0, 1, \ldots, m-2 \\
\cdots\cdots\cdots\cdots\cdots\cdots\cdots\cdots\cdots &
\end{array}\right\}. \tag{3.6.6}$$

Auf diesem Wege werden die Werte der beiden Funktionen u und v in sämtlichen im Trapez $OAB'C$ enthaltenen Gitterpunkten bestimmt.

[1] Die Werte $v_{0,s}$ der Funktion v auf OC sind von vornherein bekannt.

Bei der Anwendung des Differenzenverfahrens auf parabolische Gleichungen werden häufig Rechteckgitter verwendet, deren Maschenweiten von verschiedener Größenordnung sind (siehe z.B. (3.6.10)). Dies führt vielfach zu Vereinfachungen, verlangt jedoch Sorgfalt bei Grenzübergängen, worauf im folgenden noch hingewiesen wird.

Wenn wir z.B. bei der Wärmeleitungsgleichung

$$\alpha^2 z_{xx} - z_y = 0 \tag{3.6.7}$$

an Stelle eines Systems erster Ordnung die Ableitung zweiter Ordnung durch den entsprechenden Differenzenquotienten

$$\frac{z_{r-1,s} - 2\,z_{r,s} + z_{r+1,s}}{h^2}$$

und z_y durch den üblichen Differenzenquotienten

$$\frac{z_{r,s+1} - z_{r,s}}{k}$$

(unter Beibehaltung der vorigen Schreibweise) ersetzen, so bekommen wir die Differenzengleichung

$$z_{r,s+1} = \frac{\alpha^2 k}{h^2}\left(z_{r-1,s} + z_{r+1,s}\right) + \left(1 - 2\,\frac{\alpha^2 k}{h^2}\right) z_{r,s},$$

die sich beträchtlich vereinfachen läßt, wenn

$$k = \frac{1}{2\,\alpha^2}\,h^2 \tag{3.6.8}$$

gesetzt wird, denn es ergibt sich hiermit die einfache Rekursionsformel

$$z_{r,s+1} = \frac{1}{2}\left(z_{r-1,s} + z_{r+1,s}\right). \tag{3.6.9}$$

Sie ermöglicht u.a. eine äußerst einfache Lösung des Rechteckproblems für die Gleichung (3.6.7), d.h. die Bestimmung einer Lösung in einem Rechteck, wenn Werte auf dreien seiner Seiten vorgegeben sind. Als Beispiel diene das Rechteck $OABC$ von Abb. 32, wobei z auf den Seiten CO, OA und AB gegebene Werte annehmen soll. Wie in Abb. 32 angedeutet, ist jeweils das arithmetische Mittel der Werte in den beiden Gitterpunkten der vorigen Reihe zu bilden, die durch den entsprechenden Punkt getrennt werden. (Dies wird genauer in verständlicher Form durch die Pfeile symbolisiert.)

Die oben bereits erwähnte Sorgfalt ist u.a. deshalb erforderlich, weil die Lösung im Gegensatz zum vorher Gesagten scheinbar auch

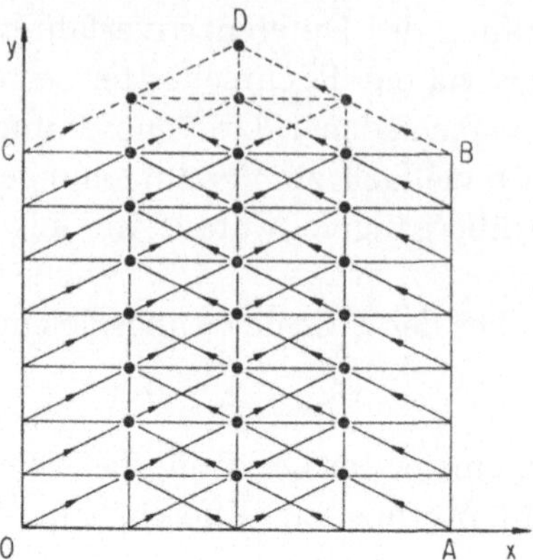

Abb. 32. Lösung des Rechteck-Problems mit Hilfe des Differenzenverfahrens

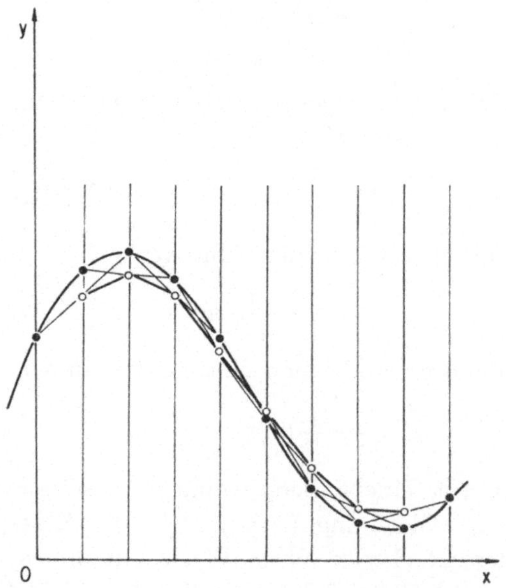

Abb. 33. Übergang von Werten der s-ten zu denjenigen der $(s+1)$-ten Reihe

im Dreieck CBD durch unsere Daten bestimmt wird. Wird aber dieses Differenzenverfahren für den Beweis des Existenz- und Eindeutigkeitssatzes benutzt (was durchaus möglich ist), dann ist der Grenzübergang $h \to 0$ durchzuführen; dabei strebt die Höhe

$$\frac{1}{2}\,\frac{k}{h}\,\overline{OA} = \frac{1}{4}\,\frac{\overline{OA}}{\alpha^2}\,h \tag{3.6.10}$$

des Dreiecks CBD gegen Null.

Die große Einfachheit der Formel (3.6.9) erlaubt auch eine graphische Konstruktion der Werte von z in allen Gitterpunkten der $(s+1)$-ten Reihe (abgesehen vom ersten und letzten) aus den Werten der s-ten Reihe. Wie in Abb. 33 angedeutet, zeichne man dazu in

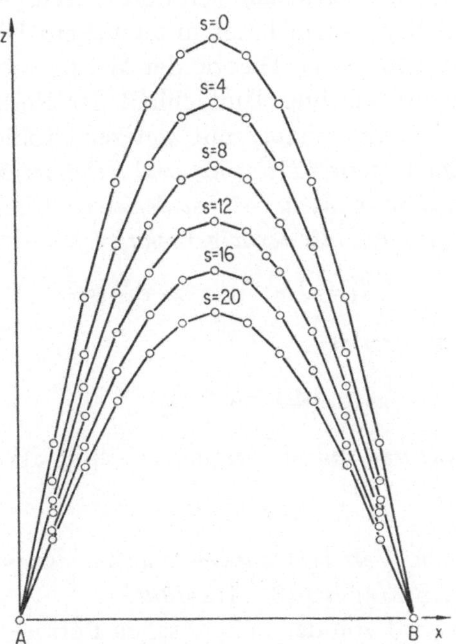

Abb. 34. Abkühlung eines Stabes

einer (x, z)-Ebene für ein festes s die Punkte $(r \cdot h, z(r, s))$, $r = 0, 1, \ldots, m$, und verbinde die Punkte mit den Kennziffern $r-1$ und $r+1$, $(r = 1, 2, \ldots, m-1)$. Der Schnittpunkt dieser Strecke mit der Parallelen zur z-Achse im Abstand $x = r \cdot h$ liefert dann den Punkt mit der Ordinate $z(r, s+1)$. Mit dieser Konstruktion kann man z.B. ganz leicht die Abkühlung eines Stabes verfolgen, dessen Endpunkte A und B auf der Temperatur Null gehalten werden, während die Anfangstemperatur einen parabolischen Verlauf (mit einem Maximum in der Mitte der Strecke AB) aufweist. Die Resultate sind in Abb. 34 dargestellt; dort sind der Übersichtlichkeit wegen nur

Streckenzüge eingetragen, welche den Temperaturverteilungen nach vier Schritten (d.h. für $s = 0, 4, 8, \ldots, 20$) entsprechen. Die zugehörigen Zeitpunkte bekommt man aus der Gleichung (3.6.8), worin h gleich dem Zwölftel der Stablänge zu setzen ist.

3.7 Der zweiseitig unendliche Wärmeleiter und die Zerlegung einer Funktion in Gaußsche Fehlerkurven

Nun wollen wir den zeitlichen Verlauf der Temperatur in einem *zweiseitig* unendlichen Wärmeleiter untersuchen. Dies ist ein sehr interessantes Problem in der Theorie der Wärmeleitungsgleichung, nicht nur wegen der relativen Einfachheit der Resultate, sondern auch wegen des Zusammenhangs mit anderen Problemkreisen.

Es gilt hier der folgende *Existenz- und Eindeutigkeitssatz*[1]:

Ist $f(x)$ eine auf der ganzen x-Achse definierte Funktion, zu der es eine positive Konstante k mit der Eigenschaft

$$f(x) = O(e^{kx^2}), \qquad x \to \pm\infty \tag{3.7.1}$$

gibt, so existiert im Streifen

$$0 \leqq t \leqq b < \frac{1}{4k} \tag{3.7.2}$$

der (x, t)-Ebene eine und nur eine reguläre Lösung $z(x, t)$ der Wärmeleitungsgleichung

$$z_{xx} - z_t = 0, \tag{3.7.3}$$

welche für $t = 0$ den Wert $f(x)$ annimmt und – zusammen mit ihrer Ableitung z_x – die Bedingung (3.7.1) *erfüllt.*

Diese Lösung wird von der Poissonschen Formel

$$z(\xi, t) = \frac{1}{2\sqrt{\pi t}} \int_{-\infty}^{+\infty} \exp\left[-\frac{(\xi - x)^2}{4t}\right] f(x)\, dx \tag{3.7.4}$$

geliefert, welche kurz

$$z(\xi, t) = \mathfrak{G}_\xi^{(2t)}[f(x)] \tag{3.7.4'}$$

geschrieben werden kann, wenn für die *Gaußsche Transformation* das Symbol

$$\mathfrak{G}_\xi^{(\mu)}[F(x)] = \frac{1}{\sqrt{2\pi\mu}} \int_{-\infty}^{+\infty} \exp\left[-\frac{(\xi - x)^2}{2\mu}\right] F(x)\, dx \tag{3.7.5}$$

eingeführt wird.

---

[1] Für den Beweis siehe z.B. Tricomi [4], § 4.5, S. 333.

In Worten: *Wenn die Temperatur des zweiseitig unendlichen Wärmeleiters zu einem gewissen Zeitpunkt durch $f(x)$ dargestellt ist, dann wird seine Temperatur nach der Zeit t durch die Gaußsche Transformierte der Funktion $f(x)$ mit dem Parameter $\mu = 2t$ dargestellt.*

Diese physikalische Deutung des Problems zeigt u.a., daß die Gaußsche Transformierte eine *Semigruppe* bilden, d.h. daß

$$\mathfrak{G}^{(\mu)} \cdot \mathfrak{G}^{(\mu')} = \mathfrak{G}^{(\mu')} \cdot \mathfrak{G}^{(\mu)} = \mathfrak{G}^{(\mu+\mu')} \tag{3.7.6}$$

gilt. Man sieht, daß die *Umkehrung* der Gaußschen Transformation ein Problem darstellt, das identisch ist mit dem ziemlich schwierigen Problem der *zeitlichen Zurückverfolgung eines Temperaturzustandes.* Unter gewissen, ziemlich scharfen Bedingungen wird diese Umkehrung durch ein komplexes Integral geleistet, denn wenn

$$\mathfrak{G}_\xi^{(\mu)}[F(x)] = f(\xi) \tag{3.7.7}$$

ist, dann hat man auch

$$F(x) = \frac{1}{i\sqrt{2\pi\mu}} \lim_{\omega\to\infty} \int_{\varkappa - i\omega}^{\varkappa + i\omega} \exp\left[\frac{(x-\xi)^2}{2\mu}\right] f(\xi)\, d\xi, \tag{3.7.8}$$

wo $\varkappa$ eine passende reelle Zahl bezeichnet.

Diese Methode wird aber selten angewendet. Statt dessen sucht man Entwicklungen nach speziellen Funktionen, welche möglichst einfache Gaußsche Transformierte besitzen. Zum Beispiel gilt

$$\mathfrak{G}_\xi^{(\mu)}\left[H_n\left(\frac{x}{\sqrt{\mu}}\right)\right] = \left(\frac{\xi}{\sqrt{\mu}}\right)^n, \qquad n = 0, 1, 2, \ldots, \tag{3.7.9}$$

wo H_n das n-te, durch

$$H_n(x) = e^{\frac{x^2}{2}} \frac{d^n}{dx^n}\left(e^{-\frac{x^2}{2}}\right)$$

definierte *Hermitesche Polynom* bezeichnet. Ist es also möglich, die transformierte Funktion $f(\xi)$ durch ein passendes Polynom

$$\sum_{k=0}^{n} a_k \xi^k \tag{3.7.10}$$

zu approximieren, so ist zu erwarten, daß die ursprüngliche Funktion $F(x)$ durch die entsprechende Linearkombination von Hermiteschen Polynomen, nämlich

$$\sum_{k=0}^{n} \mu^{\frac{k}{2}} a_k H_k\left(\frac{x}{\sqrt{\mu}}\right) \tag{3.7.11}$$

approximiert wird.

Noch besser kann man zur Approximation *trigonometrische Polynome* verwenden, weil die einfachen Beziehungen

$$\left.\begin{aligned}\mathfrak{G}_\xi^{(\mu)}\left[\cos(\lambda x)\right] &= e^{-\frac{\lambda^2\mu}{2}}\cos(\lambda\xi)\\ \mathfrak{G}_\xi^{(\mu)}\left[\sin(\lambda x)\right] &= e^{-\frac{\lambda^2\mu}{2}}\sin(\lambda\xi)\end{aligned}\right\} \qquad (3.7.12)$$

bestehen (siehe unten).

Eine andere wichtige Formel für die Gaußsche Transformation ist

$$\mathfrak{G}_\xi^{(\mu)}\left[\frac{1}{\sqrt{2\pi m}}\exp\left\{-\frac{(x-a)^2}{2m}\right\}\right] = \frac{1}{\sqrt{2\pi(m+\mu)}}\exp\left\{-\frac{(\xi-a)^2}{2(m+\mu)}\right\}. \qquad (3.7.13)$$

Die Gaußsche Transformation führt also eine Gaußsche Fehlerkurve mit dem Mittelwert a und der Varianz m in eine solche über, die wiederum den Mittelwert a, aber eine (größere) Varianz $m+\mu$ besitzt.

Die letzte Eigenschaft zeigt, wie eng die Gaußsche Transformation (oder der zeitliche Verlauf der Temperatur in einem zweiseitig unendlichen Wärmeleiter) mit dem wichtigen, aber schwierigen Problem der „Gaußschen Analyse" einer gegebenen *Häufigkeitsfunktion* verknüpft ist. In der Praxis kommt es nämlich öfter vor, daß zu untersuchen ist, ob eine gegebene Häufigkeitsfunktion eine Linearkombination von Gaußschen Fehlerkurven ist oder nicht. Im ersten Fall sind dann die Mittelwerte $a_1, a_2, \ldots$ und die entsprechenden Varianzen $m_1, m_2, \ldots$ der Komponenten zu bestimmen. Liegen die Mittelwerte nicht zu nahe zusammen und sind die entsprechenden Varianzen nicht zu groß, so genügt oft ein Blick auf die Kurve, um die Frage zu beantworten. Ist dies jedoch nicht der Fall, dann können sich die einzelnen „Glockenkurven" derart überlagern, daß etwa aus einer Kombination von *zwei* Gaußschen Fehlerkurven eine Kurve entsteht, die ein einziges Maximum aufweist.

Aus den oben erwähnten Eigenschaften der Gaußschen Transformation ergibt sich nun ein Weg für die „Gaußsche Analyse" einer gegebenen Häufigkeitsfunktion. Man betrachtet die vorgelegte Funktion $f(x)$ als einen späteren Temperaturzustand eines Wärmeleiters und versucht, ihn zeitlich *zurück*zuverfolgen, bis sich die einzelnen immer schmaler werdenden Gaußschen Glockenkurven trennen und so sichtbar werden. Es handelt sich also um die Umkehrung der

Gaußschen Transformation. Hierzu beginnt man am besten mit einer Approximation der gegebenen Funktion $f(x)$ durch ein trigonometrisches Polynom der Gestalt

$$\sum_{k=1}^{n} [a_k \cos(\lambda_k x) + b_k \sin(\lambda_k x)],$$

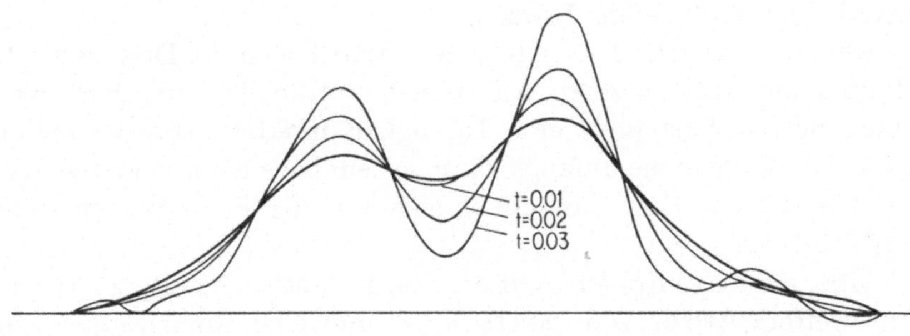

Abb. 35. Gaußsche Analyse einer Häufigkeitsfunktion

wobei die λ_k, $k = 1, 2, \ldots, n$ positive, nicht notwendig ganze reelle Zahlen bedeuten. Dann benutzt man die Formeln (3.7.12) und bildet der Reihe nach die Funktionen

$$\left.\begin{array}{l} f_1(x) = \sum_{k=1}^{n} e^{\lambda_k^2 t_1} [a_k \cos(\lambda_k x) + b_k \sin(\lambda_k x)] \\ f_2(x) = \sum_{k=1}^{n} e^{\lambda_k^2 t_2} [a_k \cos(\lambda_k x) + b_k \sin(\lambda_k x)] \\ \dots\dots\dots\dots\dots\dots\dots\dots \end{array}\right\}, \qquad (3.7.14)$$

wo $t_1, t_2, \ldots$ eine beliebige Folge wachsender Zeiten ist. Stellt man diese Funktionen graphisch dar, so werden bei einem gewissen Index die Gaußschen Komponenten der gegebenen Kurve sichtbar, falls sie existieren. Das Verfahren ist jedoch abzubrechen, bevor sich „pathologische" Erscheinungen bemerkbar machen (z. B. das Auftreten negativer Ordinaten in einer Häufungskurve); dies ist nämlich ein Zeichen dafür, daß man einen vernünftigen „Anfangszustand" überschritten hat.

Wie man sieht, handelt es sich um ein heikles Problem, bei dem man nur vorsichtig vorgehen darf. Die Schwierigkeiten rühren jedoch nicht vom Methodischen her, sondern liegen in der Natur des Problems. Sie entstehen hauptsächlich dadurch, daß die *Umkehrung der Gaußschen Transformation nicht stetig ist,* so daß eine kleine Änderung der Funktion $f(x)$ eine große Änderung der ursprünglichen Funktion $F(x)$ verursachen kann.

Übrigens sind die Bedingungen dafür, daß eine gegebene Funktion $f(x)$ eine Gaußsche Transformierte ist, zwar bekannt, haben aber keinen praktischen Nutzen.

Die im wesentlichen aus einer Arbeit von G. DOETSCH [1] stammende Abb. 35 zeigt, wie man hauptsächlich mit dem oben geschilderten Verfahren eine Häufigkeitsfunktion transformieren kann, so daß manche anfangs kaum erkennbare Komponenten klar herauskommen. Hier handelt es sich um die Feinstruktur einer Spektrallinie.

Über derartige Fragen existiert eine umfangreiche Literatur, u. a. eine weitere Arbeit von DOETSCH [2] und eine Monographie von TRICOMI [2]. Vor einiger Zeit erschien hierzu sogar (in englischer Sprache) ein ungarisches Buch (MEDGYSSY, 1961).

Viertes Kapitel

Partielle Differentialgleichungen vom gemischten Typus

4.1 Die verschiedenen Untertypen und die entsprechenden kanonischen Formen

Wir wissen schon (Abschn. 2.1), daß eine quasilineare partielle Differentialgleichung der Form

$$A(x, y)\, z_{xx} + 2\, B(x, y)\, z_{xy} + C(x, y)\, z_{yy} = f(x, y, z, z_x, z_y) \tag{4.1.1}$$

vom *gemischten Typus* ist, falls ihre Diskriminante

$$\Delta(x, y) = B^2(x, y) - A(x, y)\, C(x, y) \tag{4.1.2}$$

in dem uns interessierenden Bereich $\mathfrak{B}$ weder stets positiv, noch stets negativ, noch identisch Null ist. Es handelt sich also um Gleichungen, für welche die Diskriminante Δ – ohne identisch Null zu sein – auf einer gewissen „*parabolischen Linie*" $\mathfrak{c}$ von $\mathfrak{B}$ verschwindet.

Unter wenig einschränkenden Annahmen läßt sich beweisen, daß die obige Gleichung durch reelle Koordinatentransformationen auf eine der folgenden *kanonischen Formen*

$$y^n z_{xx} \pm z_{yy} = F(x, y, z, z_x, z_y) \tag{4.1.3}$$

oder

$$x^n z_{xx} \pm z_{yy} = F(x, y, z, z_x, z_y) \tag{4.1.4}$$

reduziert werden kann, wo n (in der Regel eine natürliche Zahl) die Ordnung der Nullstelle von Δ auf der Kurve $\mathfrak{c}$ (welche nun eine der Koordinatenachsen ist) angibt. Man spricht demzufolge von einer Gleichung des *ersten* oder *zweiten* gemischten Typus. Außerdem ist zwischen dem Fall eines *geraden* oder *ungeraden n* scharf zu unterscheiden. In der Tat, ist n gerade, so darf man nur in einem weiteren Sinne von einer Gleichung vom „gemischten" Typus sprechen, weil die Gleichung dann eigentlich je nach dem Vorzeichen entweder elliptisch (Pluszeichen) oder hyperbolisch (Minuszeichen) ist, mit alleiniger Ausnahme der Punkte auf der Kurve $\mathfrak{c}$, welche dann eher als eine singuläre Linie zu betrachten ist. Die Gleichungen vom gemischten Typus im *engeren Sinne* sind also die, welche einem *ungeraden* n (insbesondere $n=1$) entsprechen. Hier ist das doppelte Vorzeichen in den kanonischen Formen unnötig, weil es genügt, y durch $-y$ bzw. x durch $-x$ zu ersetzen, um den einen Fall in den anderen überzuführen.

Nachdem TRICOMI schon im Jahre 1921 die jetzt nach ihm benannte kanonische Gleichung vom ersten gemischten Typus

$$y\,z_{xx}+z_{yy}=0 \tag{4.1.5}$$

untersucht hat (TRICOMI [1]), sind die anderen Gleichungen der Form (4.1.3) und (4.1.4) und insbesondere die Gleichung

$$x\,z_{xx}+z_{yy}=0 \tag{4.1.6}$$

des zweiten gemischten Typus (vor allem von M. CIBRARIO-CINQUINI) ab 1932 mehr oder weniger eingehend untersucht worden. Von der Tricomischen Gleichung (kurz: T-Gleichung) (4.1.5), welche die am meisten benutzte und untersuchte Gleichung der transsonischen Gasdynamik ist, und einigen anderen Gleichungen des ersten gemischten Typus (Tschaplyginsche Gleichung usw.) abgesehen, haben diese Gleichungen bis jetzt fast keine Anwendung gefunden und werden daher hier nicht betrachtet.

Im Falle der T-Gleichung lautet die Gleichung der Charakteristiken

$$y\,dy^2+dx^2=0$$

oder

$$\sqrt{-y}\,dy=\pm\,dx\,.$$

Sie kann unmittelbar integriert werden. Man erhält

$$\frac{2}{3}(-y)^{\frac{3}{2}}=\pm\,(x-x_0)\,, \tag{4.1.7}$$

wo x_0 eine willkürliche Konstante bedeutet. Quadriert man diese Gleichung, so bekommt man

$$(x-x_0)^2+\frac{4}{9}y^3=0\,. \tag{4.1.8}$$

Die Charakteristiken, welche nur in der „*hyperbolischen Halbebene*“ $y\leqq 0$ reell sind, stellen also algebraische Kurven dritter Ordnung dar und haben auf der parabolischen Linie, der x-Achse, Spitzen (siehe Abb. 36).

In der hyperbolischen Halbebene kann man die T-Gleichung durch Einführung der charakteristischen Veränderlichen (Abschn. 2.2)

$$\xi = x - \frac{2}{3}(-y)^{\frac{3}{2}}, \qquad \eta = x + \frac{2}{3}(-y)^{\frac{3}{2}} \tag{4.1.9}$$

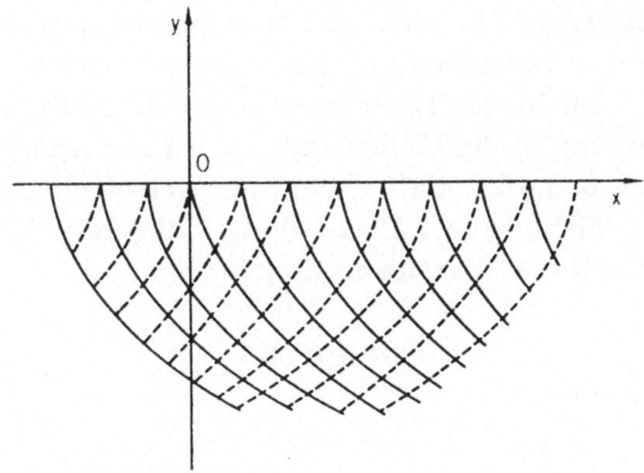

Abb. 36. Die Charakteristiken der T-Gleichung

in ihre kanonische Form

$$\frac{\partial^2 z}{\partial \xi \, \partial \eta} - \frac{\frac{1}{6}}{\xi - \eta}\left(\frac{\partial z}{\partial \xi} - \frac{\partial z}{\partial \eta}\right) = 0 \tag{4.1.10}$$

überführen, welche gerade die *Euler-Poissonsche Differentialgleichung* (Abschn. 2.4) *im Falle* $\beta = \beta' = 1/6$ *ist.* Es handelt sich hierbei um eine Tatsache von großer Tragweite für die Theorie der T-Gleichung und die transsonische Gasdynamik überhaupt!

In der „*elliptischen Halbebene*" $y \geqq 0$ ist die Transformation (4.1.9) nicht mehr brauchbar. Jedoch erweist sich an ihrer Stelle die Substitution

$$\xi = x, \qquad \eta = \frac{2}{3} y^{\frac{3}{2}} \tag{4.1.11}$$

als nützlich; mit ihr gelangt man zur kanonischen Form

$$\frac{\partial^2 z}{\partial \xi^2} + \frac{\partial^2 z}{\partial \eta^2} + \frac{1}{3\,\eta} \frac{\partial \eta}{\partial z} = 0. \tag{4.1.12}$$

Diejenigen Kurven der elliptischen Halbebene $y \geqq 0$, welche durch die Transformation (4.1.11) in *Halbkreise* der Halbebene $\eta > 0$ überführt werden, sind die algebraischen Kurven dritter Ordnung mit der Gleichung

$$(x - x_0)^2 + \frac{4}{9} y^3 = c^2 = \text{const}. \tag{4.1.13}$$

Sie stehen in enger Beziehung zu den Charakteristiken und werden hier als *Normalkurven* bezeichnet. Strenggenommen werden wir die Bezeichnung nur anwenden auf die „Glocke“, welche das Bild der Funktion (4.1.13) in der Halbebene $y \geqq 0$ darstellt, ohne uns um deren Fortsetzung in die Halbebene $y < 0$ zu kümmern[1].

Ferner sei bemerkt, daß unter den verschiedenen möglichen Formen der Gleichung (4.1.12) besonders diejenige bemerkenswert ist, welche durch die Transformation

$$z = \eta^{\frac{1}{3}} u \tag{4.1.14}$$

entsteht. Sie lautet

$$\frac{\partial^2 u}{\partial \xi^2} + \frac{\partial^2 u}{\partial \eta^2} + \frac{1}{\eta} \frac{\partial u}{\partial \eta} - \frac{1}{9 \eta^2} u = 0. \tag{4.1.15}$$

Wir werden später (Abschn. 4.7) sehen, daß diese Gleichung eine ergiebige Quelle von wichtigen speziellen Lösungen der T-Gleichung ist.

4.2 Differentialgleichungen vom gemischten Typus und die transsonische Gasdynamik

Wie schon in Abschn. 2.9 ausgeführt, führen die Grundgleichungen

$$\frac{\partial \varphi}{\partial x} = \frac{\varrho_*}{\varrho} \frac{\partial \psi}{\partial y}, \quad \frac{\partial \varphi}{\partial y} = -\frac{\varrho_*}{\varrho} \frac{\partial \psi}{\partial x} \tag{4.2.1}$$

einer wirbelfreien, stationären zweidimensionalen Strömung einer kompressiblen Flüssigkeit zu nichtlinearen Gleichungen zweiter Ordnung für das Geschwindigkeitspotential φ und die Stromfunktion ψ. Im Unterschall ($v < a$) sind diese Gleichungen elliptisch und im Überschall ($v > a$) hyperbolisch. Daher besteht ein enger Zusammenhang zwischen den Gleichungen vom gemischten Typus und der transsonischen Gasdynamik.

---

[1] Siehe Abb. 39 in Abschn. 4.5.

In Abschn. 2.9 wurde die Möglichkeit angedeutet, die Grundgleichung mittels der Molenbroek-Transformation zu linearisieren. Diese Transformation besteht darin, die Stromfunktion ψ in den Vordergrund zu stellen und sie als Funktion der Polarkoordinaten v und ϑ (Betrag der Geschwindigkeit und ihrer Neigungswinkel) in der Hodographenebene zu betrachten. Man erhält so die lineare Gleichung

$$\frac{\partial}{\partial v}\left(\frac{\varrho_* v}{\varrho}\,\frac{\partial \psi}{\partial v}\right) + \frac{\varrho_*}{\varrho\, v}\,(1-M^2)\,\frac{\partial^2 \psi}{\partial \vartheta^2} = 0\,, \qquad M = \frac{v}{a}\,, \tag{4.2.2}$$

welche sich bei Ersetzung der Geschwindigkeit v durch den dimensionslosen Geschwindigkeitsparameter

$$w = -\int_{v_*}^{v} \frac{\varrho}{\varrho_* v}\, d v \tag{4.2.3}$$

auf die klassische Tschaplyginsche Gleichung:

$$K(w)\,\frac{\partial^2 \psi}{\partial \vartheta^2} + \frac{\partial^2 \psi}{\partial w^2} = 0 \tag{4.2.4}$$

mit

$$K(w) = \left(\frac{\varrho_*}{\varrho}\right)^2 (1-M^2) \tag{4.2.5}$$

reduziert. Diese Gleichung gehört dem ersten gemischten Typus an.

Man kann aber auch ψ statt φ aus den Grundgleichungen eliminieren und erhält so nach Ersetzung von v durch den neuen Geschwindigkeitsparameter

$$\omega = \int_{v_*}^{v} \frac{\varrho_*}{\varrho\, v}\,(M^2-1)\, d v \tag{4.2.6}$$

an Stelle von (4.2.4) die Gleichung

$$\frac{\partial^2 \varphi}{\partial \vartheta^2} + K(\omega)\,\frac{\partial^2 \varphi}{\partial \omega^2} = 0\,. \tag{4.2.7}$$

Sie ist vom *zweiten* gemischten Typus und enthält den gleichen Koeffizienten K wie oben; er ist jedoch nun als eine Funktion von ω statt von w zu betrachten.

Man darf jedoch die beiden Gleichungen (4.2.4) und (4.2.7) keineswegs gleichstellen, weil aus den jeweiligen Definitionsgleichungen die Entwicklungen

$$K = -\frac{\varkappa+1}{v_*}(v-v_*)+\cdots, \qquad w = -\frac{1}{v_*}(v-v_*)+\cdots,$$

$$\omega = \frac{\varkappa+1}{v_*^2}(v-v_*)^2+\cdots \tag{4.2.8}$$

folgen, welche zeigen, daß zwar die Umgebung eines Punktes der „*sonischen Linie*" (wie die parabolische Linie hier genannt wird) in der Hodographenebene eindeutig auf die entsprechende Umgebung der (w, ϑ)-Ebene abgebildet wird, dieses aber für die Abbildung in die (ω, ϑ)-Ebene nicht mehr der Fall ist.

Dieser Sachverhalt wird besonders übersichtlich, wenn man die Gleichungen dadurch vereinfacht, daß man von den Entwicklungen dadurch vereinfacht, daß man von den Entwicklungen (4.2.8) nur die ersten Glieder berücksichtigt. Bei der Tschaplyginschen Gleichung führt schon die einfache Substitution

$$w_1 = (\varkappa+1)^{\frac{1}{3}} w \tag{4.2.9}$$

auf die Tricomische Gleichung:

$$w_1 \frac{\partial^2 \psi}{\partial \vartheta^2} + \frac{\partial^2 \psi}{\partial w_1} = 0, \tag{4.2.10}$$

während man im Fall der Gleichung (4.2.7) durch ähnliche Variablentransformationen nicht eine solche der Form (4.1.6), sondern die weniger einfache Gleichung

$$\frac{\partial^2 \varphi}{\partial \vartheta^2} \pm \sqrt{\omega_1}\,\frac{\partial^2 \varphi}{\partial \omega_1} = 0$$

erhält, wo das *Plus*zeichen im Unterschall und das *Minus*zeichen im Überschall gilt. Dies zeigt jedenfalls, daß sich das Geschwindigkeitspotential φ auf der sonischen Linie $\omega_1 = 0$ der (ω_1, ϑ)-Ebene wenn regulär auf eine lineare Funktion von ϑ reduziert.

4.3 Die T-Gleichung in ihrer hyperbolischen Halbebene

Zu den meisten der bis jetzt auf theoretischem Wege erhaltenen Resultate der transsonischen Gasdynamik gelangte man, indem man diejenigen Strömungen untersuchte, welche speziellen Lösungsklassen der Tricomischen Gleichung entsprechen („indirektes Verfahren"). Der Grund dafür ist, daß es nicht leicht ist, die Nebenbedingungen, welche ein bestimmtes gasdynamisches Problem (z.B. die Umströmung eines gegebenen Profils) kennzeichnen, *a priori* anzugeben. Außerdem werden, wenn man die Linearisierung durch Übergang zur Hodographenebene herbeiführt, sogar die datentragenden Kurven a priori unbekannt sein, weil die Transformationsgleichungen nur dann hingeschrieben werden können, falls φ oder ψ bekannt sind, d.h. falls das Problem schon gelöst ist!

Trotz dieser schwerwiegenden Hindernisse für die Anwendung eines „direkten Verfahrens" in der Gasdynamik ist es natürlich wesentlich, sich eine Vorstellung über die Art der Nebenbedingungen zu verschaffen, welche bei einer gemischten Gleichung wie etwa der Tricomischen Gleichung „sachgemäß" sind.

Dazu hat man zum Beispiel die T-Gleichung (4.1.5) sowohl in ihrer hyperbolischen als auch in ihrer elliptischen Halbebene zu untersuchen.

In der hyperbolischen Halbebene ist die schon in Abschn. 4.1 hervorgehobene Tatsache von grundlegender Wichtigkeit, daß sich die T-Gleichung durch den Ansatz

$$\xi = x - \frac{2}{3}(-y)^{\frac{3}{2}}, \qquad \eta = x + \frac{2}{3}(-y)^{\frac{3}{2}} \tag{4.3.1}$$

auf die klassische Euler-Poissonsche Gleichung im Falle $\beta = \beta' = 1/6$ reduziert:

$$\frac{\partial^2 z}{\partial\xi\,\partial\eta} - \frac{\frac{1}{6}}{\xi - \eta}\left(\frac{\partial z}{\partial\xi} - \frac{\partial z}{\partial\eta}\right) = 0. \tag{4.3.2}$$

Insbesondere folgt hieraus und aus der Integraldarstellung (2.4.10) der Lösungen der Euler-Poissonschen Gleichung, daß die Lösungen der T-Gleichung in der hyperbolischen Halbebene durch die Integralformel

$$z(\xi,\eta) = \int_\xi^\eta \Phi(\tau)\,[(\eta-\tau)(\tau-\xi)]^{-\frac{1}{6}}\,d\tau + (\eta-\xi)^{\frac{2}{3}}\int_\xi^\eta F(\tau)\,[(\eta-\tau)(\tau-\xi)]^{-\frac{5}{6}}\,d\tau$$

dargestellt werden können, wo F und Φ zwei willkürliche Funktionen bezeichnen. Man kehrt nun zu den ursprünglichen Veränderlichen x und y zurück und beachtet folgendes: Die einem Punkt $P = (x, y)$ der Halbebene $y < 0$ entsprechenden Werte von ξ und η fallen mit den Abszissen x_1 bzw. x_2 der beiden Punkte P_1 und P_2 der x-Achse zusammen, in denen die von P ausgehenden Charakteristiken enden

(Abb. 37). Dieses berücksichtigend bekommt man mit Hilfe der Substitution

$$\tau = x_1 + (x_2 - x_1)\, t$$

die Integralformel

$$z(x, y) = \left(\frac{3}{4}\right)^{\frac{2}{3}} \int_0^1 G\,[x_1 + (x_2 - x_1)\, t]\, [t(1-t)]^{-\frac{5}{6}}\, dt$$

$$- \left(\frac{4}{3}\right)^{\frac{2}{3}} y \int_0^1 F\,[x_1 + (x_2 - x_1)\, t]\, [t(1-t)]^{-\frac{1}{6}}\, dt, \tag{4.3.3}$$

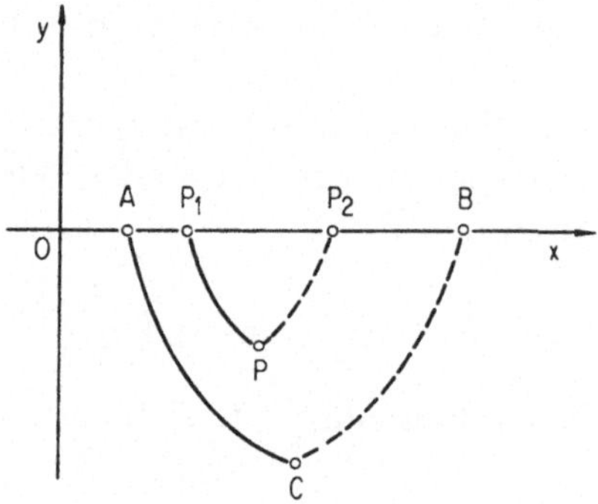

Abb. 37. Die T-Gleichung in ihrer hyperbolischen Halbebene

wo F und G zwei willkürliche Funktionen bezeichnen, deren erste sich von der früheren Funktion Φ nur um einen konstanten Faktor unterscheidet. Nun geht man in dieser Formel sowie in der aus ihr durch Differentiation nach y sich ergebenden zur Grenze $y \to 0$ über und erhält nach Einführung der wichtigen Abkürzungen

$$z(x, 0) = \tau(x), \qquad z_y\,(x, 0) = \nu(x) \tag{4.3.4}$$

die Beziehungen:

$$\tau(x) = \left(\frac{3}{4}\right)^{\frac{2}{3}} G(x) \int_0^1 t(1-t)]^{-\frac{5}{6}}\, dt = \left(\frac{3}{4}\right)^{\frac{2}{3}} \frac{\Gamma^2\left(\frac{1}{6}\right)}{\Gamma\left(\frac{1}{3}\right)} G(x),$$

$$\nu(x) = -\left(\frac{4}{3}\right)^{\frac{2}{3}} F(x) \int_0^1 [t(1-t)]^{-\frac{1}{6}}\, dt = -\left(\frac{4}{3}\right)^{\frac{2}{3}} \frac{\Gamma^2\left(\frac{5}{6}\right)}{\Gamma\left(\frac{5}{3}\right)} F(x).$$

Setzt man dies in (4.3.3) ein, so folgt

$$z(x, y) = -\frac{y}{3\pi\gamma}\int_{x_1}^{x_2}\tau(\xi)\,[(x_2-\xi)\,(\xi-x_1)]^{-\frac{5}{6}}\,d\xi$$

$$-\frac{\gamma}{\sqrt{3}}\int_{x_1}^{x_2}\nu(\xi)\,[(x_2-\xi)\,(\xi-x_1)]^{-\frac{1}{6}}\,d\xi, \qquad (4.3.5)$$

wobei wie vorher

$$x_1 = x - \frac{2}{3}(-y)^{\frac{3}{2}}, \qquad x_2 = x + \frac{2}{3}(-y)^{\frac{3}{2}} \qquad (4.3.6)$$

ist und γ (eine Konstante deren Einführung sich später rechtfertigt) durch den Ausdruck

$$\gamma = \sqrt{3}\left(\frac{3}{4}\right)^{\frac{2}{3}}\frac{\Gamma\left(\frac{5}{3}\right)}{\Gamma^2\left(\frac{5}{6}\right)} = \frac{3^{\frac{2}{3}}}{4\pi^2}\,\Gamma^3\left(\frac{1}{3}\right) \qquad (4.3.7)$$

gegeben wird.

Die Formel (4.3.5) ermöglicht es, eine Lösung z der T-Gleichung in der hyperbolischen Halbebene zu berechnen, wenn die Anfangswerte $\tau(x)$ der Lösung z und die $\nu(x)$ ihrer Ableitung z_y auf der x-Achse bekannt sind. Genauer gesagt: Die Werte von $\tau(x)$ und $\nu(x)$ auf einer gewissen Strecke AB der x-Achse bestimmen die Lösung z in dem krummlinigen Dreieck ABC von Abb. 37, wobei CA und CB zwei von dem Punkte C ausgehende Charakteristiken sind. Der Ausdruck (4.3.5) liefert also die Lösung eines singulären[1] Cauchyschen Problems (Anfangswertproblems) für die T-Gleichung, welches dadurch entsteht, daß die Anfangsdaten von einer Strecke der x-Achse, d.h. der parabolischen Kurve, getragen werden. Speziell können so die Werte von z auf der Charakteristik AC, die wir mit $\varphi(x)$ bezeichnen wollen, berechnet werden. Unter der vereinfachenden Annahme, daß A in den Ursprung fällt, haben wir eigentlich

$$\varphi\left(\frac{x}{2}\right) = \frac{6^{-\frac{1}{3}}\,x^{\frac{2}{3}}}{2\pi\gamma}\int_0^x\tau(\xi)\,[\xi(x-\xi)]^{-\frac{5}{6}}\,d\xi - \frac{\gamma}{\sqrt{3}}\int_0^x\nu(\xi)\,[\xi(x-\xi)]^{-\frac{1}{6}}\,d\xi. \quad (4.3.8)$$

Die Bedeutung dieser Beziehung liegt hauptsächlich darin, daß man – falls die Werte $\varphi(x)$ von z auf der Charakteristik AC bekannt

[1] Singulär, weil die x-Achse auf dem Rand des hyperbolischen Bereichs liegt.

sind – nur mehr eine der beiden Funktionen τ und ν zu kennen braucht, um die andere durch die leichte Lösung einer *Abelschen Integralgleichung*[1] bestimmen zu können. Zum Beispiel beherrscht man so das singuläre Goursatsche Problem (Abschn. 2.6) für die T-Gleichung, das entsteht, wenn die Werte der gesuchten Lösung auf dem Bogen AC einer Charakteristik und auf der nichtcharakteristischen Strecke AB (Abb. 37) vorgegeben sind. Man ermittelt nämlich hierzu die Funktion $\nu(x)$ aus der Integralgleichung (4.3.8), und dann werden die Werte von z im Dreieck ABC vermöge der Gleichung (4.3.5) bestimmt.

Sind dagegen die Werte von $\nu(x)$ und $\varphi(x)$ gegeben, so wird $\tau(x)$ durch die folgende wichtige Beziehung

$$\tau(x) = \varphi_1(x) + \gamma \int_0^x (x-\xi)^{-\frac{1}{3}} \nu(\xi)\, d\xi \tag{4.3.9}$$

bestimmt, wo

$$\varphi_1(x) = 6^{\frac{1}{3}} \gamma\, x^{\frac{5}{6}} \frac{d}{dx} \int_0^x \xi^{-\frac{2}{3}} (x-\xi)^{-\frac{1}{6}} \varphi\left(\frac{\xi}{2}\right) d\xi \tag{4.3.10}$$

eine nur von den Werten der Lösung auf der Charakteristik AC abhängige Funktion bezeichnet.

Die oben angedeutete Möglichkeit, $\nu(x)$ zu ermitteln, falls $\tau(x)$ und $\varphi(x)$ gegeben sind, ergibt sich auf Grund der Gleichung

$$\nu(x) = \varphi_2(x) + \frac{\sqrt{3}}{2\pi\gamma} \frac{d}{dx} \int_0^x (x-\xi)^{-\frac{2}{3}} \tau(\xi)\, d\xi, \tag{4.3.11}$$

wo $\varphi_2(x)$ nur von $\varphi(x)$ abhängt.

Die Lösungen der T-Gleichung, welche auf einer Charakteristik, etwa AC (Abb. 37), verschwinden, d.h. die Lösungen, für welche $\varphi(x) \equiv \varphi_1(x) \equiv \varphi_2(x) \equiv 0$ ist, zeigen einige interessante Eigenschaften. Insbesondere läßt sich für sie die Grundformel (4.3.5) in den zwei Formen

$$\left.\begin{aligned} z(x,y) &= \gamma \int_0^{x_1} [(x_2-\xi)(x_1-\xi)]^{-\frac{1}{6}} \nu(\xi)\, d\xi \\ z(x,y) &= \frac{2^{-\frac{4}{3}} 3^{\frac{1}{6}}}{\pi\gamma} (x_2-x_1)^{\frac{2}{3}} \int_0^{x_1} [(x_2-\xi)(x_1-\xi)]^{-\frac{5}{6}} \tau(\xi)\, d\xi \end{aligned}\right\} \tag{4.3.12}$$

[1] Siehe z.B. Tricomi [5], § 1.12.

schreiben. Aus der zweiten läßt sich leicht der Satz von GERMAIN-BADER herleiten: *Im Dreieck ABC* (Abb. 37) *wird das Maximum des Betrages einer auf der Charakteristik AC verschwindenden Lösung immer auf der Strecke AB erreicht.*

Ferner ist für solche Lösungen das Integral

$$I = \int_A^B \tau(x)\, \nu(x)\, dx \tag{4.3.13}$$

stets nicht negativ. Es folgt nämlich aus (4.3.9) mit $\varphi \equiv 0$

$$I = \frac{\gamma}{2} \int_0^1 \int_0^1 |x - \xi|^{-\frac{1}{3}} \nu(x)\, \nu(\xi)\, dx\, d\xi,$$

woraus sich mit Hilfe einer Beziehung für die Gammafunktion

$$I = \frac{\gamma}{\sqrt{3}\, \Gamma\left(\frac{1}{3}\right)} \int_0^\infty t^{-\frac{2}{3}} \left\{ \left[\int_0^1 \nu(x) \cos(t x)\, dx \right]^2 + \left[\int_0^1 \nu(x) \sin(t x)\, dx \right]^2 \right\} dt \tag{4.3.14}$$

ergibt, was zeigt, daß (abgesehen vom Fall $\nu(x) \equiv 0$) stets $I > 0$ ist.

4.4 Das Tricomische Problem und der entsprechende Eindeutigkeitssatz

An das (krummlinige) Dreieck ABC (vgl. Abb. 37), welches von nun an mit $\mathfrak{B}_1$ bezeichnet werden soll, wollen wir jetzt einen Bereich $\mathfrak{B}_2$ der elliptischen Halbebene anschließen, der von der Strecke AB und einer „willkürlichen" Kurve $\mathfrak{c}$ mit den Endpunkten A und B berandet sei (Abb. 38). Ferner sei vorausgesetzt, daß die Kurve $\mathfrak{c}$ doppelpunktfrei sei und, abgesehen von ihren Endpunkten A und B, ganz in der offenen Halbebene $y > 0$ verlaufe. Das sogenannte *Tricomische Problem* besteht nun darin, *eine „reguläre" Lösung der T-Gleichung im Bereich* $\mathfrak{B} = \mathfrak{B}_1 \cup \mathfrak{B}_2$ *so zu bestimmen, daß sie vorgeschriebene Werte auf der Kurve* $\mathfrak{c}$ *und auf dem Charakteristikenbogen AC annimmt.*

Hierin bleibt allein noch der Begriff der „Regularität" zu präzisieren.

Durch die folgenden heuristischen Betrachtungen kann man sich leicht davon überzeugen, daß diese Randwertaufgabe ein „sachgemäßes“ Problem darstellt. Nehmen wir an, man hätte auf irgendeinem Wege die Werte $\tau(x)$ der gesuchten Lösung z auf der Strecke AB bestimmen können. Da auch die Werte $\varphi(x)$ auf AC bekannt sind, könnte man dann die Lösung z im ganzen Bereich $\mathfrak{B}_1$ berechnen, insbesondere (vermöge (4.3.11)) die Werte $\nu(x)$ ihrer Ableitung z_y auf AB. Die Formel (4.3.11) zeigt übrigens, daß man diese Funktion $\nu(x)$ als *Resultat eines auf* $\tau(x)$ *wirkenden Operators* $\mathfrak{T}_1$ ansehen kann:

$$\nu(x) = \mathfrak{T}_1[\tau(x)]. \tag{4.4.1}$$

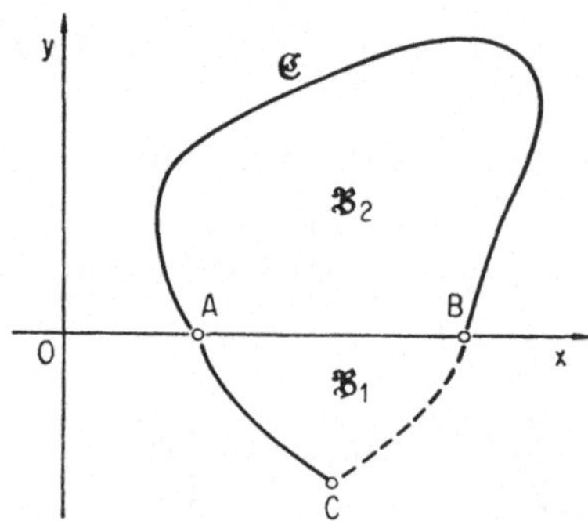

Abb. 38. Erläuterung des Tricomischen Problems

Da andererseits mit $\tau(x)$ auch die Werte von z auf dem gesamten Rand des elliptischen Bereiches $\mathfrak{B}_2$ bekannt sind, so ist (abgesehen von der Schwierigkeit, daß sich $\mathfrak{B}_2$ bis zum Rand des Elliptizitätsbereiches erstreckt) zu erwarten, daß die Lösung z auch in $\mathfrak{B}_2$ bestimmbar ist. Insbesondere könnte man so auch „von der elliptischen Seite her“ die Werte $\nu(x)$ ihrer Normalableitung auf AB bestimmen, und dies wird ebenfalls einen auf $\tau(x)$ wirkenden Operator $\mathfrak{T}_2$:

$$\nu(x) = \mathfrak{T}_2[\tau(x)] \tag{4.4.2}$$

liefern. Wenn also die Werte von $\tau(x)$, mit denen wir angefangen haben, richtig sind, dann müssen die Gleichungen (4.4.1) und (4.4.2) übereinstimmende Werte für $\nu(x)$ liefern, d.h. $\tau(x)$ muß der Funktionalgleichung

$$\mathfrak{T}_1[\tau(x)] - \mathfrak{T}_2[\tau(x)] = 0 \tag{4.4.3}$$

genügen, die dazu benutzt werden kann, diese Funktion (die ja in Wirklichkeit zunächst unbekannt ist) zu ermitteln.

Wie man sieht, hängt alles davon ab, ob der Beweis gelingt, daß die Gleichung (4.4.3) eine und nur eine Lösung zuläßt. Von Einzelheiten (etwa der Aufstellung einer Funktionalgleichung für $\nu(x)$ statt für $\tau(x)$ abgesehen) war dies der Weg, auf welchem TRICOMI den Existenzsatz für das nach ihm benannte Problem bewies. Will man nun den unsicheren Boden der heuristischen Betrachtungen verlassen, so hat man zuerst zu präzisieren, welche Art von „regulären" Lösungen der T-Gleichung betrachtet werden soll. Es erweist sich als sachgemäß, folgende Lösungsklasse zu Grunde zu legen:

1. Die betrachtete Lösung z gehört im offenen Gebiet $\mathfrak{B}^*$ ($= \mathfrak{B}$ minus Rand) der Klasse $C^{(2)}$ an, d.h. sie ist in $\mathfrak{B}^*$ zusammen mit ihren ersten und zweiten Ableitungen stetig.

2. Die Funktion z selbst ist auch in dem abgeschlossenen Bereich $\mathfrak{B}$ stetig.

3. Die ersten Ableitungen z_x und z_y sind auch auf dem Rande von $\mathfrak{B}$ stetig, mit eventueller Ausnahme der beiden Punkte A und B, in denen sie unendlich werden können, allerdings nur mit der Ordnung $O(r^{-1+\varepsilon})$, $\varepsilon > 0$, wobei r die Entfernung von A oder B bezeichnet.

Auf dieser Grundlage läßt sich dann leicht der folgende *Eindeutigkeitssatz* beweisen:

Im Gebiet $\mathfrak{B}$ (Abb. 38) *kann nicht mehr als eine im obigen Sinne reguläre Lösung der T-Gleichung existieren, welche auf der Kurve* $\mathfrak{c}$ *und auf dem Charakteristikenbogen AC vorgeschriebene Werte annimmt.*

Es gibt heute mehrere Beweise für diesen wichtigen Satz von denen sich einer auf den oben zitierten Satz von GERMAIN-BADER stützt. Nach den Vorbereitungen in Abschn. 4.3 wird jedoch der ursprüngliche Beweis von TRICOMI so leicht, daß er hier wiedergegeben werden soll.

Die unmittelbar zu verifizierende Identität

$$0 = z(y z_{xx} + z_{yy}) \equiv \frac{\partial}{\partial x}(y z z_x) + \frac{\partial}{\partial y}(z z_y) - (y z_x^2 + z_y^2),$$

wo z eine auf $\mathfrak{c}$ und AC verschwindende reguläre Lösung der T-Gleichung darstellt, wird im Bereich $\mathfrak{B}_2$ integriert. Eine Anwendung des Satzes von GAUSS liefert

$$\iint\limits_{\mathfrak{B}_2} (y z_x^2 + z_y^2)\, dx\, dy + \int\limits_A^B \tau(x)\, \nu(x)\, dx = 0.$$

(Hierbei ist besonders darauf zu achten, daß z_x und z_y in A oder B die oben präzisierten Singularitäten haben können.) In Abschn. 4.3

wurde bewiesen, daß das letzte Integral (dort mit I bezeichnet) stets $\geqq 0$ ist. Somit kann die hergeleitete Gleichung nur gelten, wenn in $\mathfrak{B}_2$ überall $z_x = z_y = 0$ ist. Dies zieht nach sich, daß z nicht nur in $\mathfrak{B}_2$, sondern auch in $\mathfrak{B}_1$ identisch verschwinden muß.

4.5 Die T-Gleichung in ihrer elliptischen Halbebene

Würde es uns gelingen, eine Beziehung der Form (4.4.2) zwischen den Funktionen $\tau(x)$ und $\nu(x)$ „von der elliptischen Seite her" zu finden, so könnten wir mit Hilfe der obigen Methode auch versuchen, einen Existenzsatz für das Tricomische Problem zu beweisen.

Es erweist sich als zweckmäßig, eine Verallgemeinerung der klassischen Greenschen Methode zu verwenden, wobei aber – statt der bekannten „Grundlösungen" mit einer logarithmischen Singularität – gewisse spezielle Lösungen der T-Gleichung mit einer Unendlichkeitsstelle der Ordnung $1/3$ auf der x-Achse auftreten.

Um Klassen von interessanten speziellen Lösungen der T-Gleichung zu bekommen, welche die genannten singulären Lösungen enthalten, wollen wir die Gleichung (4.1.15) für die Funktion

$$u = \eta^{-\frac{1}{3}} z \tag{4.5.1}$$

auf die neuen Veränderlichen

$$r = \sqrt{\xi^2 + \eta^2}, \qquad t = \frac{\xi - \xi_0}{r} \tag{4.5.2}$$

transformieren, wo ξ_0 eine willkürliche Konstante bezeichnet. Dies führt zur Differentialgleichung

$$\frac{\partial}{\partial r}\left(r^2 \frac{\partial u}{\partial r}\right) + \frac{\partial}{\partial t}\left[(1 - t^2)\frac{\partial u}{\partial t}\right] - \frac{1}{9}\,\frac{u}{1 - t^2} = 0. \tag{4.5.3}$$

Wenden wir die übliche Methode der Trennung der Veränderlichen mit dem Ansatz

$$u = R(r) \cdot T(t)$$

an, wobei wir die Trennungskonstante in der Form $\nu(\nu+1)$ schreiben wollen, so erhalten wir die gewöhnlichen Differentialgleichungen

$$\frac{d}{dr}\left(r^2 \frac{dR}{dr}\right) - \nu(\nu+1)\, R = 0 \tag{4.5.4}$$

sowie

$$\frac{d}{dt}\left[(1 - t^2)\frac{dT}{dt}\right] + \left[\nu(\nu+1) - \frac{\frac{1}{9}}{1 - t^2}\right] T = 0. \tag{4.5.5}$$

Die erste, elementar integrierbare Gleichung liefert sofort die zwei linear unabhängige Lösungen:

$$R = r^{\nu} \quad \text{und} \quad R = r^{-(\nu+1)}. \tag{4.5.6}$$

Die zweite Gleichung ist die Differentialgleichung (1.10.28) der Legendreschen Kugelfunktionen im Fall $\mu = \pm 1/3$. Sie kann auf die Gaußsche hypergeometrische Differentialgleichung (1.10.6) mit

$$a = \frac{\mu - \nu}{2}, \qquad b = \frac{\mu + \nu + 1}{2}, \qquad c = \frac{1}{2}$$

oder auch

$$a = \mu - \nu, \qquad b = \mu + \nu + 1, \qquad c = \mu + 1$$

reduziert werden. Ist insbesondere a eine negative ganze Zahl $-n$, dann finden wir unter den Lösungen von (4.5.5) wichtige Polynome, nämlich die sogenannten *Gegenbauerschen* (oder *ultrasphärischen*) *Polynome*:

$$C_n^{\lambda}(x) = \frac{(2\lambda)_n}{n!} F\left(-n,\ n + 2\lambda;\ \lambda + \frac{1}{2};\ \frac{1-x}{2}\right). \tag{4.5.7}$$

Der Parameter λ kann in unserem Fall nur die Werte 1/6 oder 5/6 haben. Mit der Abkürzung

$$\varrho \equiv \varrho(x, y; x_0) = \sqrt{(x - x_0)^2 + \frac{4}{9} y^3} \tag{4.5.8}$$

ergeben sich die wichtigen vier Klassen von speziellen Lösungen der T-Gleichung:

$$\left.\begin{aligned} z_1 &= \varrho^n C_n^{\frac{1}{6}}\left(\frac{x - x_0}{\varrho}\right), & z_2 &= \varrho^{-\left(n + \frac{1}{3}\right)} C_n^{\frac{1}{6}}\left(\frac{x - x_0}{\varrho}\right) \\ z_3 &= y\, \varrho^n C_n^{\frac{5}{6}}\left(\frac{x - x_0}{\varrho}\right), & z_4 &= y\, \varrho^{-\left(n + \frac{5}{3}\right)} C_n^{\frac{5}{6}}\left(\frac{x - x_0}{\varrho}\right) \end{aligned}\right\}, \tag{4.5.9}$$

worin n eine beliebige nichtnegative ganze Zahl bedeutet.

Diese *ultrasphärischen Lösungen* sind reell in der ganzen elliptischen Halbebene und in demjenigen Teil der hyperbolischen Halbebene, der oberhalb der beiden vom Punkt $(x_0, 0)$ ausgehenden Charakteristiken liegt.

Die Grundlösung, die oben erwähnt wurde, ist die Lösung z_2 für $n = 0$, d.h. die sehr einfache Funktion

$$u = \varrho^{-\frac{1}{3}} = \left[(x - x_0)^2 + \frac{4}{9} y^3\right]^{-\frac{1}{6}}, \tag{4.5.10}$$

welche eine Unendlichkeitsstelle der Ordnung 1/3 im Punkt $P_0 = (x_0, 0)$ der x-Achse aufweist.

Wird mit $\mathfrak{T}[z]$ die linke Seite der T-Gleichung bezeichnet:

$$\mathfrak{T}[z] = y z_{xx} + z_{yy}, \tag{4.5.11}$$

so hat man identisch

$$z\,\mathfrak{T}[u] - u\,\mathfrak{T}[z] = \frac{\partial}{\partial x}[y(z u_x - u z_x)] + \frac{\partial}{\partial y}(z u_y - u z_y).$$

Diese Identität wollen wir nun für den Fall, daß z eine reguläre Lösung der T-Gleichung und u die singuläre Lösung (4.5.10) ist, über $\mathfrak{B}_2$ (Abb. 38) integrieren, um anschließend den Gaußschen Integralsatz anzuwenden. Dabei muß man jedoch die Singularität der Funktion u im Punkt P_0 beachten, von der wir voraussetzen, daß sie zwischen A und B liegt. Daher werden wir über einen Bereich $\mathfrak{B}_2'$ integrieren, der aus dem Bereich $\mathfrak{B}_2$ dadurch entsteht, daß aus letzterem der Punkt P_0 und eine hinreichend kleine, von einer *Normalkurve* (Abschn. 4.1, (4.1.13)) mit der Gleichung $\varrho = \varepsilon$ begrenzte Umgebung herausgenommen wurde. Läßt man ε gegen Null streben, so erhält man nach einigen Zwischenrechnungen die Gleichung

$$\tau(x_0) = \gamma \int_A^B |x - x_0|^{-\frac{1}{3}} \cdot \nu(x)\,dx + \gamma \int_{\mathfrak{c}} (z u^* - u z^*)\,ds, \tag{4.5.12}$$

wo wir zur Abkürzung (ähnlich für u)

$$z^* = y \frac{\partial z}{\partial x} \frac{dx}{d\boldsymbol{n}} + \frac{\partial z}{\partial y} \frac{dy}{d\boldsymbol{n}} \tag{4.5.13}$$

gesetzt wurde und $\boldsymbol{n}$ den nach innen gerichteten einheitlichen Normalenvektor für die Kurve $\mathfrak{c}$ bezeichnet.

Kämen im zweiten der beiden Integrale in (4.5.12) nicht auch (über z^*) die Ableitungen von z vor, so würde diese Beziehung den gesuchten Zusammenhang zwischen den Funktionen τ und ν liefern. Da aber die Werte von z_x und z_y auf $\mathfrak{c}$ nicht gegeben sind, muß man diese Größen eliminieren. Dies kann auf einem ähnlichen Wege wie in der Theorie der elliptischen Gleichungen geschehen, d.h. durch Bestimmung einer *regulären* Lösung ζ der T-Gleichung, welche auf $\mathfrak{c}$ dieselben Werte wie die singuläre Lösung u annimmt. Im allgemeinen ist die Bestimmung dieser „Greenschen Funktion" nicht leicht; eine Ausnahme bildet jedoch der Fall, daß *die Kurve* $\mathfrak{c}$ *mit einer*

Normalkurve (Abschn. 4.1) *zusammenfällt* – analog zur Theorie der Laplaceschen Gleichung mit einem Kreis als Randkurve.

Wir wollen uns hier auf den genannten Fall beschränken und zusätzlich annehmen, daß $A = (-1, 0)$ und $B = (+1, 0)$ sei (Abb. 39). Die Kurve $\mathfrak{c}$ kann daher durch die Gleichung

$$\varrho(x, y; 0) = \sqrt{x^2 + \frac{4}{9} y^3} = 1 \tag{4.5.14}$$

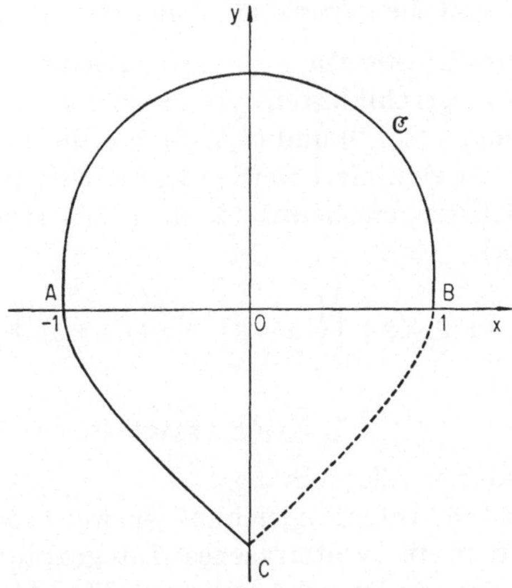

Abb. 39. Das Tricomische Problem mit der Normalkurve

dargestellt werden und man findet, daß

$$\zeta(x, y; x_0) = \left[x_0\, \varrho\left(x, y; \frac{1}{x_0}\right)\right]^{-\frac{1}{3}}$$

ist. Ersetzt man u durch $u - \zeta$, so läßt sich die Gleichung (4.5.12) umformen in

$$\tau(x) = f_1(x) + \gamma \int_{-1}^{+1} \left\{(1 - x\,\xi)^{-\frac{1}{3}} - |x - \xi|^{-\frac{1}{3}}\right\} \nu(\xi)\, d\xi, \tag{4.5.15}$$

wobei

$$f_1(x) = \gamma \int_{\mathfrak{c}} (u^* - \zeta^*)\, z\, ds \tag{4.5.16}$$

nur von den bekannten Werten von z auf $\mathfrak{c}$ abhängt.

Im allgemeinen Fall, d.h. wenn $\mathfrak{c}$ nicht mehr eine Normalkurve ist, hängt die Bestimmung von ζ mit der Auflösung einer „singulären" elliptischen Randwertaufgabe für die T-Gleichung ab, d.h. von der Bestimmung einer Lösung im Bereich $\mathfrak{B}_2$, wenn deren Werte auf $\mathfrak{c}$ und AB gegeben sind. Dieses Problem ist eingehend untersucht worden.

4.6 Der Existenzsatz für das Tricomische Problem und die „transonic controversy"

Der Beweis des Existenzsatzes für das Tricomische Problem auf dem in Abschn. 4.4 geschilderten Wege macht wesentlich Gebrauch von den Gleichungen (4.3.9) und (4.5.15), aus denen eine der beiden Funktionen τ und ν eliminiert werden kann. Wird τ eliminiert (was hier am natürlichsten erscheint), dann erhält man die Integralgleichung für $\nu(x)$

$$\int_{-1}^{x}(x-\xi)^{-\frac{1}{3}}\nu(\xi)\,d\xi+\int_{-1}^{1}\left\{|x-\xi|^{-\frac{1}{3}}-(1-x\xi)^{-\frac{1}{3}}\right\}\nu(\xi)\,d\xi$$
$$=\frac{1}{\gamma}\left[f_1(x)-\varphi_1(x)\right], \qquad (4.6.1)$$

von deren Lösung nun alles abhängt.

Diese „gemischte" Integralgleichung (sie weist sowohl ein „Fredholmsches" wie auch ein „Volterrasches" Integral auf) kann vermöge der schon oben angewendeten Lösungsformel für Abelsche Integralgleichungen auf eine solche reduziert werden, in der nur Integrale mit festen Grenzen vorkommen; jedoch handelt es sich bei der letzteren um eine stark singuläre Fredholmsche Integralgleichung. Zunächst gelangt man leicht zu

$$\nu(x)+\frac{\sqrt{3}}{2\pi}\frac{d}{dx}\int_{-1}^{+1}\left[I(x,\xi)-\xi^{-\frac{1}{3}}I\left(x,\frac{1}{\xi}\right)\right]\nu(\xi)\,d\xi=F(x)\,, \qquad (4.6.2)$$

wo

$$I(x,\xi)=\int_{-1}^{x}(x-\eta)^{-\frac{2}{3}}|\eta-\xi|^{-\frac{1}{3}}\,d\eta$$

ist und F eine neue nur von f_1 und φ_1 (d.h. nur von den Werten von z auf den Kurven $\mathfrak{c}$ und AC) abhängende Funktion bezeichnet. Die angegebene Differentiation unter dem Integralzeichen ist aber schwierig und erfordert die Benutzung des Begriffs des *Cauchyschen*

Hauptwertes eines Integrals, der hier mit einem *Sternchen* über dem Integralzeichen kenntlich gemacht werden soll. Damit und mit den Abkürzungen

$$(1+x)^{\frac{2}{3}}\nu(x)=\Psi(x), \qquad \frac{2}{3}(1+x)^{\frac{2}{3}}F(x)=g(x), \qquad -\frac{1}{\pi\sqrt{3}}=\lambda$$

ergibt sich die singuläre Integralgleichung

$$\Psi(x)-\lambda\overset{*}{\int_{-1}^{1}}\left(\frac{1}{y-x}-\frac{1}{1-xy}\right)\Psi(y)\,dy=g(x), \tag{4.6.3}$$

die manchmal als Tricomische Integralgleichung bezeichnet wird[1]. Abgesehen davon, daß das zweite Glied des Kerns:

$$K(x,y)=\frac{1}{y-x}-\frac{1}{1-xy} \tag{4.6.4}$$

für $x=y=\pm 1$ ebenfalls singulär ist, handelt es sich bei (4.6.3) um eine Integralgleichung der wichtigen *Carlemanschen Klasse*. Über sie und ihre Verallgemeinerungen (in denen mehrfache Integrale auftreten) existiert heute eine umfangreiche Literatur. Wendet man auf die Gleichung (4.6.3) die Carlemansche Lösungsformel mit den entsprechenden Modifikationen an, so ergibt sich als Lösung

$$\left.\begin{aligned}&(1+\lambda^2\pi^2)\,\Psi(x)\\&=g(x)+\lambda\overset{*}{\int_{-1}^{1}}\left(\frac{1-x}{1+x}\cdot\frac{1+y}{1-y}\right)^{2(\mu-1)}K(x,y)\,g(x)\,dy\\&+\frac{C}{1-x}\left(\frac{1-x}{1+x}\right)^{2\mu-1}\end{aligned}\right\}, \tag{4.6.5}$$

wo

$$\mu=\frac{1}{\pi}\operatorname{arctg}(\lambda\pi), \qquad (\text{arctg mit Werten in } [0,\pi]) \tag{4.6.6}$$

sei und C eine *willkürliche Konstante* bezeichne.

Das Auftreten einer willkürlichen Funktion in diesem Ausdruck wirkt zunächst befremdlich, weil dies im Widerspruch zum Eindeutigkeitssatz von Abschn. 4.4 zu stehen scheint. Überlegt man jedoch, daß die Ableitungen der in Abschn. 4.4 betrachteten „regu-

[1] Falls die Kurve $\mathfrak{c}$ keine Normalkurve ist, wird die Integralgleichung des Problems ebenfalls die Gestalt (4.6.3) haben, aber der Kern wird neben den beiden singulären Gliedern auch ein solches enthalten, welches regulär ist.

lären" Lösungen der T-Gleichung in A und B keine Unendlichkeitsstellen mit Ordnungen ≥ 1 aufweisen sollen, so hat man in (4.6.5) $C = 0$ zu setzen, womit der Widerspruch aufgelöst ist.

Der Formel (4.6.5) mit $C = 0$ entspricht für $\nu(x)$ eine Formel der Gestalt

$$\nu(x) = G(x) - \frac{1}{\pi\sqrt{3}} \int_{-1}^{+1} \left(\frac{1-y^2}{1-x^2}\right)^{\frac{1}{3}} K(x, y)\, G(y)\, dy, \tag{4.6.7}$$

wo G eine nur von g (d. h. von den Werten der Lösung auf den beiden Kurven $\mathfrak{c}$ und AC) abhängige Funktion darstellt und $K(x, y)$ denselben Kern (4.6.4) bezeichnet.

Es ist wichtig zu betonen, daß die von der Formel (4.6.7) (oder der entsprechenden, ein wenig komplizierteren Formel für den Fall, daß $\mathfrak{c}$ keine Normalkurve ist) gelieferte Funktion $\nu(x)$ im allgemeinen eine Unendlichkeitsstelle der Ordnung 1/3 im Punkt $B = (1, 0)$ aufweist, worauf TRICOMI schon im Jahre 1923 ausdrücklich hingewiesen hat. Diese Singularität, welche nur dann verschwindet, wenn die Daten auf $\mathfrak{c}$ und AC einer gewissen Integralbedingung genügen, ist vor kurzem von A. R. MANWELL mit der bekannten „*transonic controversy*" in Verbindung gebracht worden. Dabei geht es um die Frage, ob „*im allgemeinen*" eine „*reguläre*" transsonische Strömung um ein gegebenes Profil existiert, welche im Unendlichen eine gegebene Geschwindigkeit hat.

Trotz der wichtigen Beiträge u.a. von C. MORAWETZ, K. FRIEDRICHS, A.V. BITZADSE[1] läßt sich diese Frage noch nicht entscheiden, hauptsächlich deswegen, weil bei der hodographischen Methode (welche bis jetzt alle Forscher angewendet haben) sogar die datentragenden Kurven *a priori* unbekannt sind. Außerdem sind die obigen Begriffe „*im allgemeinen*" und „*regulär*" ihrem Wesen nach unscharf. Darüber hinaus hat man dabei nicht mit dem eigentlichen Tricomischen Problem, sondern mit einigen seiner Verallgemeinerungen zu tun, dem sogenannten *Franklschen Problem*, bei dem die datentragenden Kurven in der hyperbolischen Halbebene keine Charakteristikenbögen, sondern Bögen von „willkürlichen" Kurven sind. Es kommt noch hinzu, daß es bei einer so delikaten Frage sehr wünschenswert wäre, keinen Gebrauch von der „Tricomischen Approximation" (siehe 4.8) zu machen, sondern die strenge Tschaplyginsche Gleichung zu benutzen.

[1] Siehe dazu L. BERS und FERRARI-TRICOMI.

Da es bis jetzt jedenfalls nicht gelungen ist, Überschallflugzeuge zu bauen, welche beim Durchbrechen der Schallmauer keine Stoßwellen verursachen, ist die ,,transonic controversy" vermutlich im negativen Sinne zu entscheiden.

4.7 Spezielle Lösungsklassen der T-Gleichung

Angesichts der vorhin angedeuteten Schwierigkeiten ist es verständlich, daß bisher fast alle konkreten Resultate in der theoretischen transsonischen Gasdynamik mit der *indirekten Methode* erzielt wurden, d.h. durch das Studium von Strömungen, die gewissen speziellen Lösungen (oder Lösungsklassen) der Grundgleichung (meistens der T-Gleichung) entsprechen. Von ihnen wurden die *ultrasphärischen Lösungen* schon in Abschn. 4.5 angegeben. Die gleichen Rechnungen, die dorthin führten, liefern – nur geringfügig modifiziert – weitere allgemeine Lösungsklassen. Es genügt dort (in den Bezeichnungen von Abschn. 4.5)

$$\nu = \mu + p, \qquad \mu = \pm \frac{1}{3}$$

zu setzen, wo p eine beliebige reelle Zahl bedeutet, um die *hypergeometrischen Lösungen*

$$\left.\begin{aligned} z_1 &= \varrho^p\, \mathfrak{F}\left(-p, p+\frac{1}{3}; \frac{2}{3}; \sigma\right) \\ z_2 &= \varrho^{-p-\frac{1}{3}}\, \mathfrak{F}\left(-p, p+\frac{1}{3}; \frac{2}{3}; \sigma\right) \\ z_3 &= y \cdot \varrho^p\, \mathfrak{F}\left(-p, p+\frac{5}{3}; \frac{4}{3}; \sigma\right) \\ z_4 &= y \cdot \varrho^{-p-\frac{5}{3}}\, \mathfrak{F}\left(-p, p+\frac{5}{3}; \frac{4}{3}; \sigma\right) \end{aligned}\right\} \tag{4.7.1}$$

zu erhalten. Dabei bezeichnet (wie früher) $\mathfrak{F}$ die allgemeine Lösung der Gaußschen hypergeometrischen Differentialgleichung; außerdem wurden ϱ und σ für

$$\varrho = \sqrt{(x-x_0)^2 + \frac{4}{9} y^3}, \qquad \sigma = \frac{\varrho - (x-x_0)}{2\varrho} \tag{4.7.2}$$

eingeführt.

Diese Lösungen reduzieren sich auf diejenigen von Abschn. 4.5, wenn $p = n$ eine ganze nichtnegative Zahl ist und $\mathfrak{F} = F$ gesetzt wird.

Bevor neue spezielle Lösungen der T-Gleichung aufgestellt werden, sei darauf hingewiesen, daß es einige Transformationen gibt, welche von einer Lösung der T-Gleichung zu einer anderen führen. Vor allem gehören dazu die Translationen $x = x' + \text{const}$, die ebenso wie die Spiegelungen $x = -x'$ die T-Gleichung unverändert lassen. Weitere derartige Transformationen hängen eng mit der Eigenschaft (2.4.6) der Euler-Poissonschen Differentialgleichung zusammen. Man findet nämlich, daß mit $\Phi(x, y)$ auch

$$z = [(a\,\xi + b)\,(a\,\eta + b)]^{-\frac{1}{6}}\,\Phi(x', y') \tag{4.7.3}$$

eine Lösung der T-Gleichung ist, wo

$$\left.\begin{aligned} \xi &= x - \frac{2}{3}(-y)^{\frac{3}{2}}, & \xi' &= \frac{c\,\xi + d}{a\,\xi + b}, & x' &= \frac{\eta' + \xi'}{2} \\ \eta &= x + \frac{2}{3}(-y)^{\frac{3}{2}}, & \eta' &= \frac{c\,\eta + d}{a\,\eta + b}, & y' &= -\left(\frac{3}{2}\,\frac{\eta' + \xi'}{2}\right)^{\frac{2}{3}} \end{aligned}\right\} \tag{4.7.4}$$

gesetzt wurde und a, b, c, d vier beliebige Konstanten mit

$$a\,d - b\,c \neq 0$$

bedeuten. Es gibt zwei interessante Sonderfälle dieser Verallgemeinerung: Ist zuerst

$$a = d = 1, \qquad b = -\xi_0, \qquad c = 0,$$

so erhält man die Lösung

$$z = R_A^{-\frac{1}{6}}\,\Phi\left(\frac{x - \xi_0}{R_A}, \frac{y}{R_A^{\frac{2}{3}}}\right), \tag{4.7.5}$$

wo

$$R_A = (x - \xi_0)^2 + \frac{4}{9}\,y^3 \tag{4.7.6}$$

gesetzt wurde und $A = (\xi_0, 0)$ ist.

Der zweite Sonderfall ist

$$a = c = 1, \qquad b = -\xi_0, \qquad d = -\eta_0, \qquad \xi_0 < \eta_0.$$

Er liefert unter der Voraussetzung, daß die drei Punkte $A(\xi_0, 0)$, $B = (\eta_0, 0)$, $C = (x_0, y_0)$ in derselben Relation zueinander stehen wie die drei Punkte A, B und C in Abb. 37 und 38, die Lösung

$$z = R_A^{-\frac{1}{6}}\,\Phi\left[\left(\frac{R_B}{R_A} + \frac{64}{81}\cdot\frac{y_0^3\,y^3}{R_A^2}\right)^{\frac{1}{2}}, -\left(\frac{4}{3\,R_A}\right)^{\frac{2}{3}} y_0\,y\right], \tag{4.7.7}$$

wo R_A durch (4.7.4) und R_B ähnlich wie R_A aber mit η_0 an Stelle von ξ_0 gegeben sind.

Nach dieser Bemerkung könnte man sich z.B. darauf beschränken, nur die Lösungen z_1 und z_3 der Tabelle (4.7.1) zu betrachten, weil man z_2 und z_4 daraus durch die Transformation (4.7.7) zu gewinnen vermag.

Die obigen hypergeometrischen Funktionen sind eigentlich Legendresche Kugelfunktionen, weil für sie die Bedingung (1.10.26) (oder die äquivalent $a+b=1$) stets erfüllt ist. Dies ermöglicht es uns, z_1 und z_3 in der neuen Gestalt

$$\left.\begin{aligned} z_5 &= \varrho^p\, \mathfrak{F}\left(-\frac{p}{2}, \frac{p}{2}+\frac{1}{6}; \frac{1}{2}; \frac{(x-x_0)^2}{\varrho^2}\right) \\ z_6 &= y\,\varrho^p\, \mathfrak{F}\left(-\frac{p}{2}, \frac{p}{2}+\frac{5}{6}; \frac{1}{2}; \frac{(x-x_0)^2}{\varrho^2}\right) \end{aligned}\right\} \tag{4.7.8}$$

zu schreiben. Hiermit haben wir die sogenannten *Darbouxschen Lösungen* erhalten.

Wir verzichten darauf, weitere Umformungen der vorigen Lösungen anzugeben.[1] Jedoch ist es nützlich, noch anzumerken, daß sich aus der Lösung z_1 für $p=1/3$, $x_0=0$ und $\mathfrak{F}=F$ wegen (1.10.13) die sehr einfache Lösung

$$z_1^{(1)} = (\varrho + x)^{\frac{1}{3}} \tag{4.7.9}$$

ergibt, die durch Spiegelung die weitere Lösung

$$z_1^{(2)} = (\varrho - x)^{\frac{1}{3}} \tag{4.7.9'}$$

liefert. In der Tat stellen passende Linearkombinationen von $z_1^{(1)}$ und $z_1^{(2)}$ eine befriedigende Lösung des Problems der transsonischen Durchströmung der *Laval-Düse* dar.

Die obigen speziellen Lösungen wurden alle durch Trennung der Veränderlichen aus einer Transformierten der T-Gleichung gewonnen. Diese Methode läßt sich aber auch auf die T-Gleichung selbst anwenden. Der Ansatz $z = X(x) \cdot Y(y)$ führt, wenn k^2 als Trennungskonstante genommen wird, zu den beiden gewöhnlichen Differentialgleichungen

$$X'' + k^2 X = 0, \qquad Y'' - k^2 y\, Y = 0. \tag{4.7.10}$$

[1] Siehe z. B. GUDERLEY.

Die Integration der ersten Gleichung ist elementar. Die zweite kann leicht auf die sogenannte *Airysche Gleichung*

$$\frac{d^2 u}{d t^2} + \frac{1}{3} t u = 0 \tag{4.7.11}$$

reduziert werden und läßt sich durch Zylinderfunktionen geschlossen integrieren. Ihre allgemeine Lösung lautet

$$u = \mathfrak{A}(t) = c_1 A_1(t) + c_2 A_2(t), \tag{4.7.12}$$

wo c_1 und c_2 zwei willkürliche Konstanten bedeuten. Die Funktionen A_1 und A_2 werden gegeben durch die Ausdrücke

$$\left.\begin{aligned} A_1(t) &= \frac{\pi}{3} \left\{E_{-\frac{1}{3}}\left[\left(\frac{t}{3}\right)^3\right] + \frac{t}{3} E_{\frac{1}{3}}\left[\left(\frac{t}{3}\right)^3\right]\right\} \\ A_2(t) &= \frac{\pi}{\sqrt{3}} \left\{E_{-\frac{1}{3}}\left[\left(\frac{t}{3}\right)^3\right] - \frac{t}{3} E_{\frac{1}{3}}\left[\left(\frac{t}{3}\right)^3\right]\right\} \end{aligned}\right\}. \tag{4.7.13}$$

Die Symbole E_ν bezeichnen hierin die eindeutigen Zylinderfunktionen von Abschn. 1.12. A_1 und A_2 heißen *Airysche Funktionen.*

Dementsprechend besitzt die T-Gleichung die speziellen Lösungen

$$z = \frac{\sin}{\cos}(k x) \cdot \mathfrak{A}\left(3^{-\frac{1}{3}} k^{\frac{2}{3}} y\right), \tag{4.7.14}$$

welche verschiedene Anwendungen zulassen.

4.8 Weitere partielle Differentialgleichungen vom gemischten Typus

Wie schon in Abschn. 4.1 angedeutet, haben bis jetzt außer der T-Gleichung nur wenige partielle Differentialgleichungen vom gemischten Typus Anwendungen gefunden, und wenn überhaupt, dann stets in der transsonischen Gasdynamik. Das trifft insbesondere für die Tschaplyginsche Gleichung (4.2.4) zu, welche als einzige die transsonischen Strömungen streng beherrscht. Sie ist jedoch viel schwieriger als die T-Gleichung zu behandeln.

Trotzdem ist es gelungen (hauptsächlich durch K. FRIEDRICHS), den Eindeutigkeitssatz von Abschn. 4.4 auf die Tschaplyginsche Gleichung, ja sogar auf eine ganze Klasse von Gleichungen der Form (4.2.7) zu übertragen, deren Koeffizienten $K(w)$ gewisse Bedingungen erfüllen. Außerdem braucht in der hyperbolischen Halbebene die datentragende Kurve nicht unbedingt ein Charakteristikenbogen zu sein (Franklsches Problem).

Eine andere bemerkenswerte Tatsache ist, daß es – obwohl die Tschaplyginsche Gleichung relativ kompliziert ist – in aller Strenge gelingt, eine wichtige Klasse von Lösungen dieser Gleichung zu bestimmen. Sie haben schon verschiedene technische Anwendungen gefunden.

Man verzichtet auf den Geschwindigkeitsparameter w von Abschn. 4.2 und betrachtet nach Elimination der in den Gleichungen (4.2.1) auftretenden Funktion φ die Grundgleichung in der Gestalt

$$v^2 \frac{\partial^2 \psi}{\partial v^2} + v\,(1+M^2)\,\frac{\partial \psi}{\partial v} + (1-M^2)\,\frac{\partial^2 \psi}{\partial \vartheta^2} = 0\,. \tag{4.8.1}$$

Führt man als erste unabhängige Veränderliche den Quotienten

$$\tau = \frac{v^2}{v_M^2} \tag{4.8.2}$$

ein, so sieht man mit Hilfe von (2.9.11) leicht, daß

$$M^2 = \frac{2}{\varkappa-1}\,\frac{\tau}{1-\tau}$$

ist, während man andererseits

$$v\,\frac{\partial \psi}{\partial v} = 2\,\tau\,\frac{\partial \psi}{\partial \tau}\,, \qquad v^2\,\frac{\partial^2 \psi}{\partial v^2} = 4\,\tau^2\,\frac{\partial^2 \psi}{\partial \tau^2} + 2\,\tau\,\frac{\partial \psi}{\partial \tau}$$

hat. Mit einigen Zwischenrechnungen läßt sich die Grundgleichung auf die Form

$$\tau\,(1-\tau)\,\frac{\partial^2 \psi}{\partial \tau^2} + \left(1 + \frac{2-\varkappa}{\varkappa-1}\,\tau\right)\frac{\partial \psi}{\partial \tau} + \frac{1}{4\,\tau}\left(1 - \frac{\varkappa+1}{\varkappa-1}\,\tau\right)\frac{\partial^2 \psi}{\partial \vartheta^2} = 0 \tag{4.8.3}$$

bringen. Die übliche Methode der Trennung der Veränderlichen führt zu einer Stromfunktion der Gestalt

$$\psi = e^{\pm i \nu \vartheta}\,T(\tau)\,, \tag{4.8.4}$$

wo ν eine willkürliche Konstante und $T(\tau)$ irgendeine Lösung der Differentialgleichung

$$\tau\,(1-\tau)\,\frac{d^2 T}{d\,\tau^2} + \left(1 + \frac{2-\varkappa}{\varkappa-1}\,\tau\right)\frac{d\,T}{d\,\tau} - \frac{\nu^2}{4\,\tau}\left(1 - \frac{\varkappa+1}{\varkappa-1}\,\tau\right)T = 0$$

bedeuten. Wenn noch

$$T(\tau) = \tau^{\frac{\nu}{2}}\,f(\tau) \tag{4.8.5}$$

gesetzt wird, so reduziert sich diese Gleichung auf die Gaußsche Gleichung:

$$\tau(1-\tau)\frac{d^2 f}{d\tau^2}+\left[(\nu+1)-\left(\nu-\frac{1}{\varkappa-1}+1\right)\tau\right]\frac{df}{d\tau}+\frac{\nu(\nu+1)}{2(\varkappa-1)}f=0. \quad (4.8.6)$$

Demnach gilt

$$T(\tau)=\tau^{\frac{\nu}{2}}\mathfrak{F}(a,b;\nu+1;\tau), \quad (4.8.7)$$

wo $\mathfrak{F}$ wie üblich die allgemeine Lösung der Gaußschen Gleichung und ν eine willkürliche Konstante bezeichnen; a und b seien die beiden Wurzeln der Gleichung zweiten Grades

$$(\varkappa-1)t^2-[(\varkappa-1)\nu-1]t-\frac{1}{2}\nu(\nu+1)=0. \quad (4.8.8)$$

Auch die Differentialgleichung des Geschwindigkeitspotentials φ

$$\frac{\partial}{\partial v}\left[\frac{\varrho v}{\varrho_*}\frac{1}{1-M^2}\frac{\partial\varphi}{\partial v}\right]+\frac{\varrho}{\varrho_* v}\frac{\partial^2\varphi}{\partial\vartheta^2}=0 \quad (4.8.9)$$

kann auf eine ganz ähnliche Art behandelt werden. Dabei gelangt man zuerst zur Differentialgleichung

$$v^2\frac{\partial^2\varphi}{\partial v^2}+v(1-M^2)\frac{\partial\varphi}{\partial v}+(1-M^2)\frac{\partial^2\varphi}{\partial\vartheta^2}=0 \quad (4.8.10)$$

und anschließend zu den speziellen Lösungen

$$\varphi=e^{\pm i\nu\vartheta}\tau^{\frac{\nu}{2}}\mathfrak{F}(a',b';\nu+1,\tau), \quad (4.8.11)$$

wo a' und b' die beiden Wurzeln der Gleichung zweiten Grades

$$(\varkappa-1)t^2-[(\varkappa-1)\nu+1]t-\frac{1}{2}\nu(\nu+1)=0 \quad (4.8.12)$$

seien.

Cherry und andere haben diese Lösungen zur strengen Behandlung des Problems der Laval-Düse benutzt (siehe z.B. Ferrari-Tricomi, § IV.5).

Neben der T-Gleichung hat man auch andere Näherungen der Tschaplyginschen Gleichung betrachtet, wobei der Koeffizient $K(w)$ besser als bei der „Tricomischen Approximation":

$$K(w)\approx(1+\varkappa)w \quad (4.8.13)$$

approximiert wird. Besonders vorteilhaft ist die „*Tomotika-Tamadasche Approximation*":

$$K(w)\approx\alpha(1-e^{-2\delta w}), \quad (4.8.14)$$

wobei α und δ zwei positive Konstanten bedeuten, welche für $\varkappa = 7/5$ die Werte

$$\alpha = \left(\frac{2}{\varkappa+1}\right)^{\frac{2}{\varkappa-1}} = 0{,}40187\,, \qquad \delta = \left(\frac{\varkappa+1}{2}\right)^{\frac{\varkappa+1}{\varkappa-1}} = 2{,}98598 \tag{4.8.15}$$

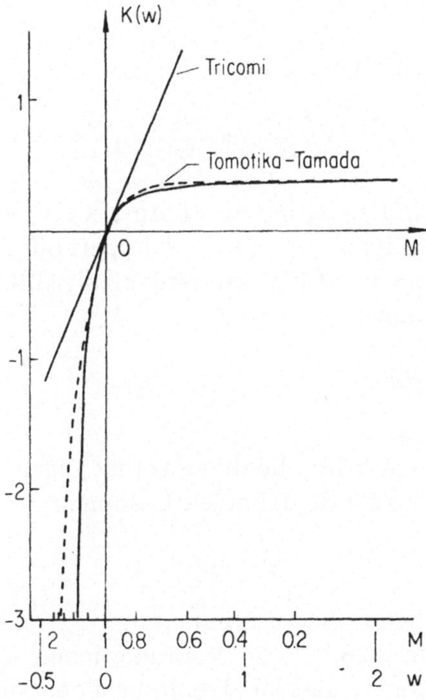

Abb. 40. Der Koeffizient $K(w)$ und zwei seiner Approximationen

annehmen. Wie man aus Abb. 40 erkennt, handelt es sich hierbei um eine bemerkenswert gute Approximation von $K(w)$.

Die Differentialgleichung (4.2.4) mit den Koeffizienten (4.8.14), nämlich

$$\alpha\,(1 - e^{-2\delta w})\,\frac{\partial^2 \psi}{\partial \vartheta^2} + \frac{\partial^2 \psi}{\partial w^2} = 0\,,$$

kann beträchtlich vereinfacht werden durch die Substitution

$$e^{-\delta w} = y\,. \tag{4.8.16}$$

Sie liefert die Gleichung

$$\alpha(1-y^2)\frac{\partial^2\psi}{\partial\vartheta^2}+\delta^2 y^2\frac{\partial^2\psi}{\partial y^2}+\delta^2 y\frac{\partial\psi}{\partial y}=0,$$

die ihrerseits durch den Ansatz

$$\frac{\delta}{\sqrt{\alpha}}\vartheta = x \tag{4.8.17}$$

zu der noch übersichtlicheren Gleichung

$$(1-y^2)\frac{\partial^2\psi}{\partial x^2}+y^2\frac{\partial^2\psi}{\partial y^2}+y\frac{\partial\psi}{\partial y}=0 \tag{4.8.18}$$

führt.

Diese *Differentialgleichung von* TOMOTIKA-TAMADA ist elliptisch innerhalb des Streifens $|y|<1$ und hyperbolisch außerhalb desselben. Dort können ihre Charakteristiken mit Hilfe des Parameters t durch die Gleichungen

$$\pm(x-x_0)=\operatorname{tg}t-t,\qquad y=\frac{1}{\cos t},\qquad -\frac{\pi}{2}<t<\frac{\pi}{2} \tag{4.8.19}$$

dargestellt werden.

Die Gleichung (4.8.18), die invariant ist gegenüber Spiegelungen an der x-Achse, besitzt die trivialen Lösungen

$$\psi = c_1 x + c_2$$

mit zwei willkürlichen Konstanten c_1 und c_2.

Wenn man in (4.8.18) die Veränderlichen durch den Ansatz $z = X(x)\cdot Y(x)$ trennt und die Trennungskonstante mit ν^2 bezeichnet, erhält man die beiden gewöhnlichen Differentialgleichungen

$$X''+\nu^2 X=0,\qquad y\cdot Y''+Y'+\nu^2\left(y-\frac{1}{y}\right)Y=0.$$

Die erste ist elementar lösbar, während die zweite leicht auf die Besselsche Differentialgleichung reduziert werden kann. Dementsprechend erhält man die speziellen Lösungen

$$\psi=[A\,J_\nu(\nu y)+B\,N_\nu(\nu y)]\,{\sin \atop \cos}(\nu x) \tag{4.8.20}$$

mit den willkürlichen Konstanten A, B und ν. Diese Lösungen haben schon verschiedene Anwendungen gefunden.

Um weitere spezielle Lösungen der Tomotika-Tamadaschen Differentialgleichungen zu bekommen, die besonders stark in Anwendungen benutzt werden, führt man zweckmäßig zwei neue Veränderliche ξ und η durch die Festsetzungen

$$x = \operatorname{arctg}\left(\frac{\eta}{\xi}\right) - \eta + \text{const}, \qquad y = \sqrt{\xi^2 + \eta^2} \tag{4.8.21}$$

ein. Damit ergibt sich die von TRICOMI angegebene neue Form der Tomotika-Tamadaschen Gleichung:

$$(1-\xi)\frac{\partial^2 \psi}{\partial \xi^2} - 2\eta \frac{\partial^2 \psi}{\partial \xi \partial \eta} + (1+\xi)\frac{\partial^2 \psi}{\partial \eta^2} - 2\frac{\partial \psi}{\partial \xi} = 0. \tag{4.8.22}$$

Sie ist innerhalb des Kreises $\xi^2 + \eta^2 = 1$ elliptisch und außerhalb desselben hyperbolisch. Die wichtigsten speziellen Lösungen dieser Gleichungen haben die Form

$$\psi = f(\xi) + g(\eta). \tag{4.8.23}$$

Die Funktionen $f(\xi)$ und $g(\eta)$ werden dabei durch die beiden Differentialgleichungen

$$(1-\xi)\frac{d^2 f}{d\xi^2} - 2\frac{df}{d\xi} + 6a(1+\xi)f = 0, \qquad \frac{d^2 g}{d\eta^2} = 6a$$

festgelegt, worin $6a$ eine willkürliche Konstante bedeutet.

Man findet so die speziellen Lösungen

$$\psi = a(\xi^2 + 4\xi + 3\eta^2) + b\eta + \frac{c}{1-\xi} + d \tag{4.8.24}$$

mit vier willkürlichen Konstanten a, b, c und d. Diese Formel schließt fast alle speziellen Lösungen der Tomotika-Tamadaschen Differentialgleichung ein, welche bis jetzt auf technisch interessante Probleme (u.a. von NOCILLA) angewendet wurden.

Literatur [1]

BERS, LIPMAN: Mathematical aspects of subsonic and transonic gas dynamics. New York: J. Wiley & Sons 1958.

CINQUINI-CIBRARIO, MARIA: Equazioni a derivate parziali di tipo misto. Rend. Semin. Matem. Fis. Milano **25**, 18—40 (1953—54).

DOETSCH, GUSTAV: [*1*] Die Elimination des Dopplereffektes bei spektroskopischen Feinstrukturen und exakte Bestimmung der Komponenten. Z. Phys. **49**, 705—730 (1928).

— [*2*] Zerlegung einer Funktion in Gaußsche Fehlerkurven und zeitliche Zurückverfolgung eines Temperaturzustandes. Math. Z. **41**, 283—318 (1936).

FERRARI, C., e F. G. TRICOMI: Aerodinamica transonica. Roma: Cremonese 1962 (Englische Übers. im Druck bei Academic Press, New York).

GUDERLEY, K. G.: Theorie schallnaher Strömungen. Berlin-Göttingen-Heidelberg, Springer-Verlag 1957.

JAHNKE-EMDE-LÖSCH: Tafeln höherer Funktionen, 6. Aufl. Stuttgart: Teubner 1960.

LEFSCHETZ, SOLOMON: Differential equations: geometric theory. New York: Interscience 1957.

MEDGYSSY, P.: Decomposition of superpositions of distribution functions. Publ. Hungarian Acad. Sci., Budapest, 1961.

SANSONE, G., e R. CONTI: Equazioni differenziali non lineari. Roma: Cremonese 1956 (Englische Übers.: New York: Pergamon Press 1964).

SAUER, ROBERT: [*1*] Einführung in die theoretische Gasdynamik. 3. Aufl. Berlin-Göttingen-Heidelberg: Springer-Verlag 1960.

— [*2*] Anfangswertprobleme bei partiellen Differentialgleichungen, 2. Aufl. Berlin-Göttingen-Heidelberg: Springer-Verlag 1958.

TRICOMI, FRANCESCO G.: [*1*] Sulle equazioni alle derivate parziali di secondo ordine di tipo misto. Mem. Acc. Lincei Roma (5) **14**, 133—247 (1942). Englische und russische Übersetzungen.

— [*2*] Les transformations de Fourier, Laplace et Gauss, et leurs applications au calcul des probabilités et à la statistiques. Ann. Inst. H. Poincaré **8**, 111—149 (1938).

— [*3*] Elliptische Funktionen. Leipzig: Akad. Verlagsges. 1948. Ital. 2. Aufl. Bologna: Zanichelli 1951.

[1] Es wird hier nur die im Buch zitierte Literatur berücksichtigt.

TRICOMI, FRANCESCO G.: [*4*] Equazioni a derivate parziali. Roma: Cremonese 1957.

— [*5*] Integral equations. New York: Interscience (J. Wiley & S.) 1957. Ital. Übersetzung, Torino 1958.

— [*6*] Differential equations. Glasgow: Blackie & S. 1961. 4. ital. Ausgabe Torino: Boringhieri 1967.

— [*7*] Transsonische Strömungen und Gleichungen des zweiten gemischten Typus. Symp. Transsonicum (Aachen 1962) 18—23. Berlin-Heidelberg-New York: Springer-Verlag 1964.

Namen- und Sachverzeichnis